튀김의 발견

지은이 임두원

서울대학교에서 고분자공학 박사 학위를 받았다. 졸업 후 기업에서 연구 개발 부문에 종사하다가, 정부 기관으로 자리를 옮겨 과학기술 정책 기획을 담당했다. 현재 국립과천과학관에서 근무하며 과학 대중화를 위해 힘쓰고 있다. 처갓집이 오래전부터 돈카츠 전문점을 운영한 덕분에 튀김을 비롯해 다양한 요리에 관심이 많다. 과학, 역사, 인문학 등 다양한 관점에서 튀김을 살펴보는 일은 단순히 요리를 더 맛있게 즐기는 것뿐 아니라 삶의 행복과 추억까지 풍성하게 만들어 준다고 믿는다. 이 책은 과학과 요리에 대해 저자가 쏟은 애정의 결과물이다. 옮긴 책으로 《아리스토텔레스의 자연학 읽기》가 있다.

튀김의 발견

2020년 7월 20일 초판 1쇄 발행 | 2023년 11월 2일 초판 6쇄 발행

지은이 임두원
펴낸곳 부키(주) **펴낸이** 박윤우
출판신고 2012년 9월 27일
주소 서울특별시 마포구 양화로 125 경남관광빌딩 7층
전화 02-325-0846 **팩스** 02-325-0841
홈페이지 www.bookie.co.kr **이메일** webmaster@bookie.co.kr
ISBN 978-89-6051-798-1 03590

기름에 튀기면

교양도 과학도 맛있다

튀김의 발견

임두원
지음

바삭 고소 촉촉
우리가 사랑하는
튀김에 관한
거의 모든 것

부·키

추천의 말

튀기면 책상도 먹을 수 있다는 이야기가 있었다. 그런데 어느 요리사의 말에 의해 '책상'이 '신발'로 바뀌었다. 튀김은 정말로 위대하다. 모든 요리의 해결사니까. 요리사들 사이에 이런 금언이 있다. "안 되면 튀겨 봐라." 이연복 셰프가 뜬 계기도 중국식 튀김의 대표 주자인 탕수육 덕분이었다. 나는 깨달았다. 먹고살려면 튀겨야 해! 내가 운영하는 '몽로'를 처음 열 때, 혹시나 장사가 안 될 경우를 대비하여 최후의 보루로 메뉴판 구석에 넣어 둔 것이 '박찬일식 닭튀김'이었다. 그런데 정작 개업하고 보니 그 메뉴가 가게를 먹여 살렸다. 무협지에 빗대면, 요리를 마계로 인도하는 절대 비급이 바로 튀김이었다. 동굴 속에 숨겨진 절대 신공 비술! 천하를 호령할 수 있는 요리 기술서의 첫 장에는 튀김이 나와야 한다. 그런 게 튀김이다.

좀 더 나아가자면, 튀기면 빌딩도 올린다. 라면 회사가 재벌

이 된 것은 독자 여러분도 다 알 테지만, 라면도 튀김이라는 것은 아는지 모르겠다. 튀김 하나로 빌딩을 올린 곳이 라면 회사만 있는 것은 아니다. 프라이드치킨 회사도 한둘이 아니다. 한국에만 약 8만 개의 치킨 가게가 오늘도 땀을 흘리며 기름솥과 싸운다. 세계에서 가장 치열한 튀김 대격돌 구역 대한민국. 여기서 이기면 빌딩을 올릴 수 있다. 튀김의 위력을 또렷하게 보여 주는 어마어마한 예다.

누구나 튀김을 좋아하지만 어떤 재료를 어떻게 튀기면 맛있는 튀김이 되는지는 잘 모른다. 요리사들도 거의 그렇다. 재료에 '옷'을 입혀서 끓는 기름에 넣으면 그럭저럭 먹힌다는 정도만 알고 있는 경우도 많다. 요리 학교에서도 튀김이 왜 맛있는지에 대해서는 잘 가르쳐 주지 않는다. 튀김은 맛있지만 그 배경 지식과 과학 원리를 아는 사람은 드물다는 아이러니가 존재한다. 이 책은 그런 답답한 속을 뻥 뚫어 준다. 과학자에서 튀김집 사위가 되고, 기어이 튀김 박사가 되어 짜잔, 겁나게 재미있고 신기한 이야기를 쫙 들려준다. 나는 메모를 하면서 이 책을 읽었다. 바로 이거야! 주방에서 써먹기 위해, 요리 후배들에게 '썰'을 풀기 위해 적었다. 이를테면 "(바삭함을 더하기 위해) 빵가루를 튀김에 쓰는 것은 마치 도박판에서 묻고 더블로 가는 격"이란 설명도 이어진다. 이것도 써먹어야지. 하여튼 유익하고 재미난 튀김 '덕후' 입문서이자 전문서다. 다 읽고 나면 정말 신발도 튀겨 보고 싶어질 것이다. _박찬일(셰프 겸 음식 칼럼니스트,《오늘의 메뉴는 제철 음식입니다》저자)

우리가 흔히 접할 수 있는 음식, 튀김. 누구나 즐겨 먹고, 누구나 좋아하는 튀김에 이렇게 흥미롭고 재미있는 이야기가 숨어 있는지 몰랐다. 그동안 음식과 요리를 인문학적 소양으로 살펴보거나 튀김에 얽힌 스토리를 알려 주는 책은 많았다. 하지만 튀김의 속살에 숨은 과학 원리를 밝혀 주거나, 실제로 요리를 할 때 응용할 수 있는 과학 지식을 알려 주는 책은 보이지 않아서 아쉬웠다. 튀김의 탄생지인 유럽과 튀김을 발전시킨 일본에서도 이런 책은 찾아보기 힘들다. 그런데 우리나라 과학자가 이를 해냈다. 물론 여기에는 돈카츠 맛집을 운영하는 저자의 처가가 지대한 영향을 끼쳤을 것이다.

흔히 '신발도 튀기면 맛있다'는 우스갯소리가 있지만 실제로는 그리 간단한 일이 아니다. 튀김의 과학을 제대로 알고 조리할 때와 그렇지 않은 경우, 완성된 요리의 맛은 확연히 차이가 나기 때문이다. 그러므로 튀김은 과학이다. 맛있는 튀김을 완성하기 위해서는 적절한 재료와 밀가루, 기름, 각종 조리 도구와 튀김기가 필요하다. 이 책의 진가가 여기에 있다. 이들에 대한 상세한 정보가 담겨 있을 뿐 아니라 요즘 인기 있는 에어 프라이어에 대한 설명도 빼놓지 않았다. 튀김의 역사와 문화를 비롯해서 조리 과정에 작용하는 과학 원리, 튀김이 맛있는 과학적 이유, 더 맛있는 튀김을 만들 수 있는 영업 비밀까지 소개하고 있다.

이 책은 튀김이라는 요리를 이 시대에 맞게 재발견하였다. 그리하여 우리가 튀김을 더 맛있게 즐길 수 있도록, 그리고 실제로 맛있는 튀김을 만들 수 있도록 도와준다. 튀김을 사랑하고, 그래서 튀김에 대해 더 알고 싶은 사람들, 튀김 관련 업무에 종사하는 사람들 모두에게 유익한 책이다. 앞으로 이 책이 영어, 일본어, 중국어로 번역되어 튀김을 사랑하는 세계인들에게 읽히기를 희망한다.

_정혜경(호서대학교 식품영양학과 교수, 《고기의 인문학》 저자)

기름에 튀기면 과학도,
교양도 맛있다!

누구나 가슴속에 소중한 음식점 한 곳쯤은 품고 살아간다고
합니다. 저와 제 아내에게도 그런 곳이 있습니다. 우리 부부가
연애할 때 자주 찾았던 한 경양식 전문점입니다. 데이트를 위한
식사인지, 식사를 위한 데이트인지 구분하는 게 중요하지 않을
정도로 우리 부부는 그 가게의 돈카츠를 사랑했습니다. 문을
닫은 지 여러 해가 지났지만 그곳에서 즐겼던 맛과 분위기는
결코 잊을 수 없습니다.

　20여 년 전 처가에서 돈카츠 전문점을 준비하고 있다는 이
야기를 들었을 때 복잡한 기분이 들었습니다. 반갑고 기뻤지만
한편으로 추억 속 그 가게처럼 누군가를 감동시킬 만큼 훌륭한
돈카츠를 만들 수 있을까 걱정도 되었기 때문입니다. 튀김의 세

계로의 제 여정은 그때부터 시작되었을 것입니다. 단순히 튀김을 즐기는 데에서 그치는 게 아니라 튀김은 왜 맛있는지, 우리는 왜 튀김을 사랑하는지 그 이유를 알면 더 훌륭한 돈카츠를 만들 수 있지 않을까 생각했습니다(좀 더 솔직해지자면 '가게도 번창하겠지!'라는 기대도 컸습니다).

과연 튀김의 매력은 어디서 비롯되는 것일까요? 튀김을 씹을 때 와삭, 바사삭 하는 식감이 좋아서? 아니면 기름기 가득한 고소함 때문에? '겉바속촉(겉은 바삭하고 속은 촉촉한)'의 황홀한 조화? 이리저리 생각나는 대로 답해 보았지만 어느 것 하나 명쾌하지 않았습니다. 누구보다 튀김을 좋아하지만 도대체 왜 좋은지 제대로 설명할 수 없으니 답답해 미칠 지경이었습니다. 고기, 야채, 해산물 등 각종 재료에 튀김옷을 입힌 후 자글자글 끓는 기름에 수없이 던져 넣어도 알 수 없었습니다.

그래서 튀김이라는 요리를 파헤쳐 보기로 했습니다. 무엇이든 궁금하면 참지 못하는 과학자로서, 자칭 튀김 애호가이자 20년 전통 돈카츠 전문점의 사위로서 작은 사명감이 생겼습니다. 그냥 '맛있다'가 아니라 '왜 맛있는지' 제대로 설명하고 싶었고, 그저 누군가의 레시피를 모방하거나 감과 노하우에만 의지해 조리하는 수준을 넘어 튀김이 만들어지는 원리와 그 맛의 비밀을 이해하고 싶었습니다. 마침 제게는 과학이라는 훌륭한 도구가 있었으니 해 볼 만하다고 생각했습니다. 여기에 역사, 인문, 사회, 대중문화 등 튀김을 다양한 관점에서 살펴볼 도구들도 빌려 활용하기로 했습니다.

과학의 눈으로 들여다본 튀김의 세계는 정말 놀라웠습니다. 무언가를 튀긴다는 행위는 마치 하나의 정밀한 과학 실험과도 같으니까요. 밀가루의 힘을 측정하고, 튀김옷의 단백질 함량을 조절하고, 사용되는 기름의 발연점을 조사해야 합니다. 또 기름의 산화 여부도 체크하고, 조리 온도와 시간에 따른 물성의 변화를 관찰해야 하지요. 어느 한 부분에서 작은 실수라도 하게 되면 튀김의 품질은 엉망이 되어 버립니다.

게다가 이와 관련된 과학 원리도 어찌나 많은지 모릅니다. 물리적 연화 작용, 물과 기름의 교환 반응, 자연 대류, 가압과 감압에 따른 끓는점 변화, 글루텐 단백질의 생성, 다공질 구조, 호화 반응, 마이야르 반응 등 과학 수업 시간에나 들을 수 있는 내용이 쉴 새 없이 튀어나왔습니다.

게다가 튀김은 단순히 맛있는 요리 이상이었습니다. 그 이면에는 흥미롭고 놀라운 이야기가 많았으니까요. 튀김이라는 요리가 탄생하고 전 세계에서 가장 사랑받는 메뉴 중 하나로 자리를 잡은 데에는 인류의 미식 본능이 발휘된 덕분이지요. 뛰어난 풍미와 높은 열량 덕분에 튀김은 19세기 흑인 노예들의 삶과 애환을 지탱해 주는 '소울 푸드'가 될 수 있었습니다. 튀김 산업의 발전은 한 나라의 경제나 기업의 흥망에 엄청난 영향을 미치기도 했고, 다양한 튀김 요리가 현대 대중문화를 대표하는 아이콘으로 자리매김하기도 했습니다. 일본의 덴푸라와 돈카츠, 미국의 프라이드치킨, 영국의 피시앤칩스 등 각국을 대표하는 튀김 요리에는 그 나라 국민의 고유한 이야기도 담겨 있습니다. 그런 의미에서 튀김은 요리와 함께 살아온 사람들의 역사와 문화를 들여다볼 수 있는 창이라고 할 수 있겠습니다.

튀김은 오랜 세월 동안 우리와 동고동락해 온, 살아 숨 쉬는 존재입니다. 이 책에서는 튀김이라는 요리를 구성하는 여러 요소들, 재료와 기름, 각종 조리 도구와 튀김옷, 튀겨지는 과학적 원리와 맛의 비밀 등을 가능한 쉽고 상세하고 풀어내고자 했습니다. 덕분에 우리가 좋아하는 튀김에 대해 조금 더 알고 싶다면, 단순한 미식가를 넘어 진정한 튀김 애호가로 거듭나고 싶다면 이 책이 큰 도움을 줄 것입니다. 또한 무궁무진한 튀김의 세계로의 여행이 한층 더 즐겁고 풍요로워질 것입니다. 무엇보다 이 책을 다 읽은 후 튀김과 다시 만나게 되면 튀김의 이야기에 귀를 기울이고 있는 자신을 발견하고 깜짝 놀랄 것입니다.

차례

3장

'겉바속촉'을 완성하는 튀김의 과학

1장

인류는 언제부터
튀기기 시작했을까

요리는 우리 모두의 공통점이며
보편적인 경험이다.

제임스 비어드James Beard
(1903~1985, 미국 유명 요리사 겸 작가)

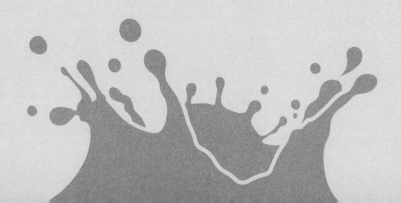

전 세계인의 소울 푸드, 튀김

치킨에 대한 한국인의 사랑은 과거 조선 시대부터 각별했습니다. 조선 세조 때 어의를 지낸 전순의가 1460년경 편찬한 요리책《산가요록》과《식료찬요》에는 '포계'라는 닭튀김의 조리법이 소개되어 있을 정도입니다. 현재 국내에 약 8만 곳의 치킨 전문점이 영업 중입니다. 이러한 인기를 바탕으로 '치맥(치킨과 맥주)'이라는 새로운 여가 문화도 탄생했고, 이제는 '치맥'이 요리의 한류를 이끌고 있습니다.

가장 일반적인 형태의 프라이드치킨은 미국 남부 켄터키 지방에서 유래했습니다. 세계적인 프랜차이즈 중 하나인 'KFC'의 명칭은 'Kentucky Fried Chicken'의 약자입니다. 그런데 최근에는 이 명칭이 한국식 프라이드치킨, 즉 'Korean Fried Chicken'이라는 의미로 사용되고 있다고 합니다.

감자를 길게 썰어 튀겨 낸 프렌치프라이의 인기는 또 어떤가요? 우리나라에는 약 2만 개의 패스트푸드 매장이 영업을 하고 있는데 여기서 빠져서는 안 될 메뉴가 바로 프렌치프라이입니다. 새우버거, 치즈버거, 불고기버거 등 주문하는 사람의 취향에 따라 메뉴의 주인공은 바뀔지언정 프렌치프라이가 빠지는 경우는 거의 없습니다. 이쯤이면 주연급 조연, 신스틸러Scene Stealer라 불러도 손색이 없습니다.

감자튀김 하면 떠오르는 또 하나의 요리가 있습니다. 바로 영국의 국민 요리, 피시앤칩스입니다. 대구와 같은 흰살생선에 튀김옷을 입혀 튀겨 내고 여기에 '칩스'라 불리는 감자튀김이 함께 제공되는 매우 간소한 요리이지만, 윈스턴 처칠이 '영국인의 좋은 친구'라고 불렀을 정도로 그 위상은 대단합니다.

전 세계 각국의 1인당 라면 소비량을 조사하면 우리나라가 압도적으로 세계 1위를 차지합니다. 그런데 이 라면 또한 튀김과 아주 밀접한 관련이 있습니다. 본래 삶아 내는 식재료인 면을 튀겨 낸다는 창의적인 발상을 통해 라면이 탄생했으니까요. '먹을 수 있는 것 중에 튀기지 못할 것은 없다'라는 말처럼 튀김의 응용력은 무궁무진합니다.

면과 튀김의 컬래버레이션은 면 요리의 대중성을 한 단계 끌어올린 획기적인 사건이었습니다. 만약 면과 튀김이 접목하지 못했다면, 요리 실력이 형편없거나 주머니 사정이 넉넉하지 않아도 누구나 가볍게 즐길 수 있는 라면은 탄생하지 못했을 것입니다.

일본에서 유래했지만 우리나라에선 흔히 돈가스라 불리는 돈카츠とんかつ도 꾸준한 인기를 누리고 있습니다. 1980~1990년대를 경험한 사람이라면 가족의 생일이나 졸업식, 첫 데이트나 결혼기념일처럼 특별한 날에 고풍스러운 경양식집에서 돈카츠를 썰었던 추억을 하나쯤 가지고 있을 것입니다.

튀김을 논할 때면 절대로 빠져서는 안 될 요리가 있습니다. 사람들 사이에 불신과 반목을 조장하는 주범인 탕수육입니다. 달짝지근한 야채 소스를 튀김 위에 부어 먹을지 말지를 두고 논쟁을 벌이지 않은 사람은 거의 없을 것입니다. 소스를 끼얹으면 튀김이 눅눅해지기 때문에 반드시 찍어 먹어야 한다는 '찍먹파', 소스를 튀김 위에 듬뿍 부어야 튀김이 소스를 머금어 더 맛있어진다는 '부먹파', 여기에 소스 자체를 거부하고 튀김에만 집중하자는 '중도파'까지, 취향도 제각각이지요. 덕분에 이들이 함께 탕수육을 먹는다면 그날의 만찬은 서로의 우정을 의심하는 자리가 될 것입니다.

탕수육은 분명 튀김 요리입니다. 그리고 튀김의 매력은 바삭함에 있습니다. 그런데 여기에 걸쭉한 소스를 더하는 것은 얼핏 튀김의 매력을 반감시키는 것처럼 보입니다. 하지만 바로 여기에 또 다른 묘미가 있습니다. 우리가 튀김을 좋아하는 이유는 그 특유의 바삭한 식감 때문이기도 하지만, 튀김이 품고 있는 다양한 풍미 때문이기도 합니다. 튀김옷에 뿌려진 달짝지근한 소스는 튀김의 풍미를 더욱 풍성하게 만들어 주니까요.

이처럼 튀김은 세계에서 가장 많이 사랑받는 메뉴 중 하나입니다. 그렇다면 사람들이 이토록 튀김을 좋아하는 이유는 무엇일까요? 그것은 바로 튀김이 전 세계인의 '소울 푸드Soul Food'이기 때문입니다.

튀김은 저의 영원한 소울 푸드입니다. '맥주와 떡볶이' 하면 가장 먼저 떠오르는 영혼의 단짝! 부슬부슬 비가 내리는 날이면 튀김의 유혹은 더 강렬해집니다. 몹시 지치고 힘들 때 튀김을 한 입 베어 물었다고 상상해 봅시다. 튀김옷의 바삭함이 우리의 스트레스를 날려 주고, 그 속에 들어찬 따뜻함과 촉촉함이 몸과 마음을 달래 줄 것입니다. 어디 그뿐인가요?

약간의 과장을 보태자면, 돈가스는 제육볶음과 더불어 우리나라 남성들의 영혼의 허기를 채워 주는 대표 메뉴로 일컬어지고 있습니다. 반면 미국인의 '최애' 메뉴 중 하나는 프라이드 치킨과 프렌치프라이입니다. 마찬가지로 영국인에게는 피시앤칩스, 중국인에게는 탕수육(혹은 꾸루로우), 일본인에게는 덴푸라天ぷら와 돈카츠가 있습니다.

하지만 이 요리들은 그저 맛이 좋아서, 대중에게 인기가 많아서, 언제 어디서나 접하기 쉬워서 한 나라를 대표하는 요리, 또는 누군가의 소울 푸드가 된 것이 아닙니다. 이 요리들의 탄생 배경에는 안타까운 사연과 가슴 아픈 역사가 존재합니다. 프라이드치킨에는 신대륙으로 이주한 아프리카 흑인의 비애가, 피시앤칩스에는 영국 노동자의 고단한 삶이, 탕수육과 돈카츠에는 동아시아 국가들의 수난사가 담겨 있습니다. 즉 각각의 요리에는 역사의 한 장면과 주인공들의 한과 혼이 담겨 있는 것입니다. 그런 의미에서 튀김은 '진짜' 소울 푸드인 셈입니다.

하지만 우리가 튀김을 사랑할 수밖에 없는 이유는 이뿐이 아닙니다. 지금부터 요리계의 인기 스타, 튀김의 매력을 속속들이 파헤쳐 보겠습니다. 그리하여 튀김의 영혼 깊숙한 곳까지 들여다보게 되었을 때 우리는 진정한 튀김꾼으로 거듭날 수 있을 것입니다.

튀기면 맛이 부풀어 오른다

국어사전에 등재된 '튀기다'의 정의에는 2가지가 있습니다. 첫째, '가열을 통해 곡식의 알갱이를 부풀게 만드는 것'입니다. 밀폐된 용기 안에 곡식의 알갱이를 넣고 가압 상태에서 가열하다가 갑자기 압력을 낮추면 알갱이 안에 포함되어 있던 수분이 급속하게 기화되면서 부풀어 오릅니다. 튀기는 것은 이 현상을 이용한 조리법입니다.

'튀기다'의 두 번째 의미는 '고온의 기름에 식재료를 넣어

부풀어 오르게 만드는 것'입니다. '튀기다'의 영어식 표현은 '딥 프라이Deep Fry', 중국에서는 '요우자油炸', 일본에서는 '아게루あげる'라고 합니다. '튀기다'의 명사형인 '튀김'은 이러한 조리법으로 만들어진 최종적인 요리를 의미합니다.

인류는 아주 오래전부터 다양한 조리법을 개발하고 개선시켜 왔습니다. 이 조리법들은 크게 불을 사용하는 가열식과 그렇지 않은 비가열식으로 나눌 수 있습니다. 요즘에는 주로 가열식이 선호됩니다. 비가열식은 생선회나 생식·채식 등 특수한 요리에만 사용될 뿐입니다. 가열식이 선호되는 이유는 가열 처리가 가진 이점들 때문입니다.

첫째, 가열 처리는 멸균 및 저장성을 증대시키는 효과가 있습니다. 우리가 날것 그대로 먹는 것을 꺼리는 이유는 혹시라도 식재료에 남아 있을지 모르는 기생충이나 병균 때문입니다. 그런데 가열 처리를 거치면 이러한 위험이 상당 부분 사라집니다. 또한 각종 균이 제거됨으로써 가열 처리된 음식은 더 오랫동안 보관할 수 있습니다.

가열 처리의 둘째 이점은 식감과 풍미가 개선되고 영양분의 소화 흡수가 촉진된다는 점입니다. 뒤에서 더 자세히 설명하겠지만, 가열 처리를 거친 식재료는 다양한 물리적·화학적 변화를 겪게 됩니다. 여기서 물리적 변화라 함은 식재료의 단단한 조직이 쉽게 소화 흡수될 수 있는 연한 조직으로 바뀌는 것을 말합니다. 딱딱한 감자를 삶으면 속살이 한층 부드러워지는 것은 바로 이러한 물리적 변화 때문입니다.

화학적 변화는 이보다 조금 더 복잡합니다. 식재료의 종류나 가열 처리 방식 등에 따라 다양한 화학적 변화가 일어날 수 있는데, 그 과정에서 여러 화학적 부산물이 생성됩니다. 그런데 이 부산물들은 원 식재료 자체에서는 느낄 수 없던 새로운 풍미들을 요리에 가미시켜 줄 수 있습니다.

혹시 생고기를 씹어 본 적 있으신가요? 만약 그렇다면 노릇노릇 불에 구워야만 만들어지는 황홀한 맛과 향의 정체가 더욱 궁금해질 것입니다. 생고기에는 존재하지 않았던 어떤 비밀스러운 성분이 가열 처리 과정에서 새롭게 생성되었을 테니까요.

가열식은 건식 조리법과 습식 조리법으로 나뉩니다. 건식 조리법은 열을 전달하는 매체로서 물을 사용하지 않는 조리법을 말합니다. 여기에는 기름을 사용하는 튀기기와 볶기, 가열된 공기를 이용하거나 불과의 직접적인 접촉을 통해 식재료에 열을 전달하는 굽기가 포함됩니다. 이와는 대조적으로 열전달 매체로서 물이 사용되는 경우를 습식 조리법이라 합니다. 대표적으로는 삶기, 데치기, 찌기 방식이 있습니다.

그럼 잠깐 정리해 볼까요? 튀기기는 '고온의 기름에 식재료를 넣어 부풀어 오르게 만드는 것'입니다. 고로 앞서 설명한 분류 기준에 따르면 가열식 조리법, 그중에서도 건식 조리법에 속하는 것이지요.

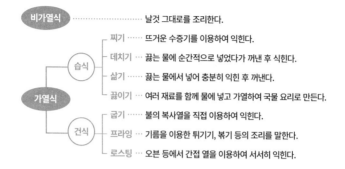

조리법의 분류

- **비가열식** ·················· 날것 그대로를 조리한다.
- **가열식**
  - **습식**
    - 찌기 ······ 뜨거운 수증기를 이용하여 익힌다.
    - 데치기 ···· 끓는 물에 순간적으로 넣었다가 꺼낸 후 식힌다.
    - 삶기 ······ 끓는 물에서 넣어 충분히 익힌 후 꺼낸다.
    - 끓이기 ···· 여러 재료를 함께 물에 넣고 가열하여 국물 요리로 만든다.
  - **건식**
    - 굽기 ······ 불의 복사열을 직접 이용하여 익힌다.
    - 프라잉 ···· 기름을 이용한 튀기기, 볶기 등의 조리를 말한다.
    - 로스팅 ···· 오븐 등에서 간접 열을 이용하여 서서히 익힌다.

기름이 없으면 튀김도 없다

어떤 것을 튀기기 위해서는 여러 준비물이 필요합니다. 그러나 그중에서도 가장 중요한 것 하나만 꼽으라고 한다면 그것은 바로 기름입니다. 기름이야말로 튀김을 튀김답게 만들어 주는 핵심 요소이기 때문입니다.

그런데 이 기름이라는 용어만으로 튀김을 정의하기에는 다소 부족한 면이 있습니다. 그럼 기름을 사용하지 않는 튀김이 존재하기라도 한단 말일까요? 물론 그렇지는 않습니다. 튀기는 조리에는 분명 기름이 사용됩니다. 그러나 모든 종류의 기름이 사용되는 것은 아니므로, 기름만으로는 튀김을 제대로 설명할 수 없다는 의미입니다. 일반적으로 기름이라 함은 식물성 기름과 동물성 기름뿐 아니라, 석유와 같은 광물성 기름까지 포함하는 매우 광범위한 의미의 용어입니다.

그렇다면 튀김 요리에 사용되는 기름을 지칭할 때 어떤 용어를 사용하는 것이 적절할까요? 정답은 바로 '식용 유지油脂'입니다. 줄여서 '유지'라고도 하지요. 다소 어렵게 보이지만 글자 하나하나의 뜻을 풀어 보면 결코 어렵지 않습니다.

유지의 '유油'는 식용유의 '유'를 의미하고, '지脂'는 두툼한 뱃살의 원인이 되는 지방의 '지'를 의미합니다. 이 두 물질은 화학적인 측면에서는 거의 유사하지만, 물리적인 성질에 있어서는 확연한 차이를 보입니다. 쉽게 말하면 같은 물질로 분류될 수 있지만 물리적인 성질이 서로 달라 엄격하게는 구별된다는 뜻입니다.

이는 'H_2O'와 물이 화학적으로는 동일한 물질이지만 액체 상태일 때는 물, 고체 상태일 때는 얼음으로 구별되는 것과 같은 이치입니다. 눈치가 빠른 독자라면 유와 지 사이의 차이점을 알아챘을 것입니다. 유는 일반적으로 액체 상태의 것을 지칭하고, 지는 고체 상태의 것을 지칭합니다. 유지는 이런 유와 지를 포함하는 개념입니다. 대두유, 올리브유, 해바라기유 등과 같은 식물성 유지의 대부분은 유이고, 돼지에게서 얻는 '돈지'나 소에게서 얻는 '우지' 같은 동물성 유지의 대부분은 지입니다.

그런데 여기에는 몇 가지 예외가 있습니다. 비록 식물에서 얻기는 하지만 팜유와 코코넛유는 특이하게도 상온에서 고체 상태입니다. 따라서 이것들은 지로도 분류될 수 있지만, 식물로부터 얻는다는 점 때문에 보통 유라고 불립니다.

튀기는 조리에는 보통 식물성 유지가 사용됩니다. 물론 동물성 유지를 사용하는 경우도 있기는 하지만 그다지 많지 않으며, 주로 식물성 유지에 소량 첨가하는 방식으로만 사용될 뿐입니다. 동물성 유지에는 포화 지방산이 많아 건강에 해롭다는 인식 때문입니다.

한편 튀김 외에 유지를 사용하는 다른 조리법들도 있습니다. 전을 부친다든지 아니면 야채를 볶는다든지 하는 것들입니다. 이처럼 열전달 매체로 유지가 사용되는 모든 조리의 경우를 총칭하여 프라잉Frying이라 합니다.

튀기기, 즉 '딥 프라잉Deep Frying'은 프라잉 조리법에 속하는 것으로, 식재료가 완전히 잠길 정도로 많은 양의 유지가 사용되는 경우에 한합니다. 유지와 기름에 대해서는 뒤에서 더 자세히 다루겠습니다.

- **딥 프라잉**: 식재료가 완전히 잠길 정도로 많은 양의 유지를 사용하는 조리법. 일반적으로 '튀기기'라 함은 이 방법을 의미한다.

- **스터 프라잉**Stir Frying: 중국요리 하면 떠오르는 조리 기구인 웍Wok에 소량의 유지를 넣고 식재료를 뒤척여 가며 익히는 조리법. '소테Saute'에 비해 훨씬 강한 화력을 사용하는 것이 특징이다. '볶기'가 이에 해당한다.

- **팬 프라잉**Pan Frying: 미리 예열시킨 팬에 얇게 그리고 넓게 퍼질

정도로만 유지를 두르고 식재료를 앞뒤로 뒤집어 가며 차례로
익히는 조리법이다.

- **쉘로우 프라잉**Shallow Frying: 조리 방식은 팬 프라잉과 비슷하
  지만 식재료의 일부가 잠길 정도로 많은 양의 유지가 사용된다
  는 점에서 차이가 있다. 주로 스테이크나 커틀릿Cutlet 요리에
  사용된다.

- **소테**: 뜨겁게 달구어진 팬에 소량의 유지를 두르고, 잘게 썬 고
  기나 채소를 빠르게 볶아 내는 조리법. 빠른 시간 내에 표면을
  익혀 내어 내부의 수분 손실을 최소화한다. 열을 골고루 가하기
  위해 식재료를 자주 뒤집는데 이 때문에 '소테'란 이름이 붙었
  다. 소테란 프랑스어로 '뛰어오르다'라는 의미이다.

요리가 인류를 진화시키다

조리법에 대해 알아보던 저는 보다 근원적인 궁금증이 생겼습
니다. 요리란 대체 무엇일까? 이런 기본적인 질문을 스스로에
게 던질 줄은 정말 몰랐습니다. 더 놀라운 사실은 막상 이 질문
에 답해 보려고 하자, 그동안 요리가 무엇인지 잘 모르고 있었
다는 사실을 인정할 수밖에 없었다는 점입니다. 요리의 정체도
모르면서 튀김의 정체를 밝히려고 하다니, '너 자신을 알라'는
소크라테스의 말처럼 제 무지를 깨달았습니다.

"음식이 맛있어지도록 재료를 가지고 요리조리하는 게 요리 아냐?"

우리 집에서 요리를 도맡는 아내의 대답이었습니다. 국립국어원 표준국어대사전은 '여러 조리 과정을 거쳐 음식을 만듦. 또는 그 음식. 주로 가열한 것을 이른다'고 정의하고 있습니다. 좀 더 자세히 살펴볼까요? '요리料理'라는 단어는 '헤아리고' '다스린다'는 의미를 가지고 있는데, 고대 중국의 의학 용어에서 유래했다고 합니다. 고대 중국의 처방전에는 다양한 약재의 배합 비율이 적혀 있었지요. 즉 본래 요리는 약재들의 '정확한 분량'이라는 의미였습니다.

이와 같은 어원을 염두에 두고 요리를 정의하면 '정확한 헤아림을 통해 식재료를 먹기 좋게 가공한 최종적인 산출물 또는 그 과정'이라고 할 수 있습니다. 단순히 음식을 만드는 행위, 그 이상의 의미가 있지요. 상당한 기술이 요구되는 고도의 지적 행위에 가깝다고도 할 수 있을 것입니다.

그렇다면 요리는 언제부터 시작되었을까요? 일부 사람들은 우리 인류가 처음부터 요리하는 능력을 가지고 태어난다고 말하기도 합니다. 그러나 요리는 그처럼 쉽게 얻을 수 있는 능력이 아닙니다. 물론 요리처럼 고도로 복잡한 행위를 하는 것이 인간의 천부적인 재능일 수는 있습니다. 하지만 요리는 그러한 잠재력 이상을 요구합니다.

우리의 먼 조상이 지구상에 처음 등장한 것은 지금으로부터 약 400만 년 전입니다. 그러나 본격적으로 요리가 시작된 것은 그리 오래되지 않았습니다. 하루하루 치열하게 생존 경쟁을 해야 했던 원시 인류에게 있어서 음식의 섭취는 단지 생존을 위한 본능적 행위였을 뿐입니다. 많은 시간과 노력이 필요한 요리는 그저 호사에 지나지 않았지요.

원시 인류는 매우 오랫동안 수렵 채집의 단계에 머물면서 쉽게 구할 수 있는 식재료들을 날것 그대로 섭취했습니다. 그러던 인류는 2가지 큰 사건을 계기로 요리의 세계에 발을 들이게 되었습니다. 바로 '불의 발견'과 '농경의 시작'입니다.

우리 조상들은 약 150만 년 전에 불을 발견했습니다. 자연적으로 발생한 불을 취하고 이를 장기간 보관하는 방법을 터득한 것입니다. 이 과정에서 불을 사용한 요리, 즉 화식火食이 시작되었습니다. 아마도 우연히 발생한 산불로 인해 타 버린 동물의 사체를 먹어 본 후, 화식이 음식의 풍미를 더 좋게 만들어 준다는 사실을 깨닫게 되었을 것입니다.

그런데 화식의 장점은 음식의 풍미를 좋게 만들어 주는 것뿐이 아니었습니다. 식재료가 가진 영양분을 소화 흡수하는 데에도 많은 도움을 주었습니다. 가열된 식재료는 그 조직이 부드럽게 변하기 때문입니다.

다른 동물들에 비해 효율적으로 영양분을 섭취할 수 있게 된 인류는 커다란 뇌를 갖는 방향으로 진화하기 시작했습니다. 그리고 음식을 섭취하는 데 필요한 시간이 줄어듦에 따라 예술처럼 보다 창조적인 활동에도 관심을 기울일 수 있게 되었습니다. 이를 계기로 음식을 바라보는 관점 또한 변하게 되었습니다. 이전까지는 음식이 단지 생존을 위한 수단에 불과했다면, 요리라는 창조적인 활동이 더해지면서 보다 고차원적인 의미를 지니게 된 것입니다.

두 번째 전환점이 된 사건은 약 1만 년 전에 일어났습니다. 이때 인류는 오랫동안 이어 오던 수렵 채집의 단계를 끝내고 비로소 농경 문화의 단계로 진입하게 되었습니다. 과연 인류에게 무슨 일이 있었기에 농경을 시작하게 된 걸까요?

이때 인류의 도구는 이전에 비해 훨씬 더 날카롭고 정교해졌습니다. 돌을 갈아 만든 쟁기처럼 효율적인 농기구들이 이 시기에 등장하기 시작합니다. 게다가 기후 또한 우호적으로 바뀌었습니다. 오랜 빙하기가 끝나고 온화한 기후가 지속된 것입니다. 바로 이러한 요인들로 인해 인류의 농경 문화가 시작될 수 있었습니다.

곡식을 재배하고 가축을 기르게 되면서 안정적인 식량 공급이 가능해졌습니다. 이전보다 훨씬 많은 인구를 부양할 수 있게 된 것입니다. 자연스레 곳곳에 도시들이 형성되었고 바야흐로 인류 문명의 싹이 움트기 시작했습니다.

그러나 농경의 시작이 긍정적인 효과만 가져다준 것은 아니었습니다. 예기치 못한 부작용이 발생하기도 했습니다. 그것은 바로 영양 불균형의 문제였습니다. 농경 생활이 시작되면서 식량 생산이 획기적으로 증대되고 인구 또한 급속도로 증가했지만, 생산되고 소비되는 식량이 조, 기장, 수수와 같은 일부 곡물에만 국한되면서 부작용이 발생한 것입니다.

양적인 측면에서는 전보다 훨씬 많은 양을 섭취할 수 있게 되었지만, 질적인 면에서는 다양한 식재료를 통해 영양분을 골고루 섭취할 수 있었던 이전 수렵 채집 단계에 비해 오히려 퇴보하게 되었습니다. 과거에는 굶어 죽을 위험성이 높기는 했지만 여건만 좋다면 다양한 음식을 섭취하여 좋은 영양 상태를 유지할 수 있었습니다.

석기를 이용한 곡물의 제분
약 1만 년 전 유적지에서는 탄화炭化된 곡물의 알갱이들이 자주 발견되곤 한다. 이를 통해 비로소 농경 생활이 시작되었음을 알 수 있다. 추수된 곡물은 석기를 이용하여 가루 형태로 빻아 식량으로 이용했을 것이다.

《판도라의 씨앗》의 저자 스펜서 웰스에 따르면, 농경 생활이 시작되기 이전 인류의 평균 수명은 남성 35세, 여성 30세였습니다. 그러던 것이 농경이 시작된 이후 남성 33세, 여성 29세로 감소했으며, 남성의 평균 신장 또한 177센티미터에서 161센티미터로 크게 줄었다고 합니다.

어떻게 하면 한정된 종류의 식재료만으로도 풍족하게 생활할 수 있을까? 우리 조상들은 단조로운 식단 때문에 발생한 영양 불균형의 문제를 개선하기 위해 고민했고, 다양한 조리법을 개발했습니다. 식재료를 혼합하고 가공했더니 다양한 맛과 향이 창출되었을 뿐 아니라 영양분의 소화 흡수 효율도 획기적으로 개선되었습니다.

이처럼 요리는 인류의 위대한 발명품입니다. 지금으로부터 약 150만 년 전, 불의 발견을 계기로 초보적인 수준의 요리가 시작되었고 1만 년 전, 농경 문화가 시작되면서 요리가 폭발적으로 진화하게 되었습니다.

기름의 대중화가 곧 튀김의 대중화

프랑스의 기호학자 롤랑 바르트는 튀김을 두고 '거의 순수한 표면을 가진 이상적인 요리'라고 극찬했습니다. 요리의 기원에 대해 알아보았다면 이제는 튀김의 기원에 대해 알아볼 차례입니다. 과연 튀김이라는 절정의 요리는 누가, 언제 처음으로 만들어 먹었을까요?

인류가 초기에 사용한 조리법은 그리 다양하지 않았습니다. 특히 충분한 양의 유지를 생산하는 기술이 부족했기 때문에 튀기는 조리보다는 삶거나 굽는 형태의 조리법이 발달했습니다. 아쉽게도 언제부터 튀기는 조리가 시작되었는지는 정확하게 알 수 없습니다. 다만 튀김을 만들기에 충분한 양의 유지가 생산되면서부터일 것이라고 추정할 뿐입니다. 그럼 유지의 대량 생산은 언제부터 가능해졌을까요?

인류가 처음으로 대량 생산한 유지는 올리브유입니다. 올리브유의 원료가 되는 올리브는 기원전 8000년경 오늘날의 중동 지방에서 처음으로 재배되었습니다. 이후 지중해 주변 지역으로 확산되면서 이 지역의 주요 특산품으로 자리 잡게 됩니다. 기원전 4000년경의 유적으로 추정되는 지중해 낙소스 섬의 한 무덤에서는 항아리에 담긴 올리브유가 발견되기도 했습니다.

올리브유는 주로 압착법에 의해 생산되었습니다. 압착법이란 올리브와 같은 종자식물에 압력을 가해 유지를 얻는 방법입니다. 초기에는 손으로 쥐어짜거나 발로 밟아 으깨어 소량의 유지를 생산했습니다. 이후 돌로 만든 무거운 바퀴를 사용하여 마치 우리나라의 연자방아와 같은 방식으로 종자를 짓눌러 유지를 추출하는 등 보다 효율적인 압착 기술이 등장하면서 그 생산량은 점차 증가하게 됩니다. 올리브 열매를 압착기에 넣고 압력을 가하면 물과 기름이 섞인 액체를 얻을 수 있는데 이때 윗부분에 뜨는 액체가 바로 올리브유입니다.

대량의 유지를 생산하는 데 주로 올리브가 사용되었던 이유는 유지 함량이 비교적 높기 때문입니다. 대두의 경우 압착 과정을 거치면 중량 대비 5~10% 정도의 유지를 얻을 수 있지만, 올리브의 경우에는 약 20%까지 얻을 수 있습니다.

"만물의 근원은 물이다." 기원전 6세기에 활동한 최초의 철학자 탈레스가 한 말입니다. 그런데 요리에 대해 이야기하던 중에 철학자가 등장하니 의아할 겁니다. 사실 이 고대 철학자

고대 그리스의 착유기 유적
기원전 5000년경 고대 그리스에서는 착유기에 무거운 돌로 만든 바퀴를 달았다. 미리 으깨어 놓은 올리브 열매를 착유기에 넣고 이 바퀴를 굴려 압력을 가해 올리브유를 얻는 방식이다.

이야 말로 튀김과 매우 밀접한 인물입니다. 아니, 더 정확하게 말하자면 유지와 관련된 유명한 일화를 남긴 인물입니다. 다음은 아리스토텔레스의《정치학》에 수록되어 있는 이야기입니다.

> 어느 날, 오로지 학문에만 전념하던 탈레스에게 한 사람이 다가와 말했다.
> "도대체 학문이 무슨 소용이란 말이오? 당신 같은 학자들은 모두 가난하지 않소?"
> 그는 탈레스가 실용적이지 않은 일에만 매달리고 있다며 비웃었다. 이에 탈레스는 자신을 비웃는 사람들에게 무언가 보여 주겠다고 결심했다.
> 그는 자신의 천문학적 지식을 이용해 다음 해에 올리브 농사가 풍년이 들 것이라고 예측했다. 그러고는 시중에 돌아다니는 모든 착유기의 사용권을 사 들였다. 이듬해가 되자 그의 예측대로 올리브 농사는 대풍작을 맞았고 착유기의 임대 가격은 천정부지로 치솟았다. 당연히 탈레스는 착유기 독점을 통해 큰 이익을 얻을 수 있었다.

이 사건을 통해 탈레스는 자신이 연구하던 철학과 과학이 결코 비실용적인 학문이 아니며, 자신이 원하기만 하면 언제든 부자가 될 수 있다는 사실을 세상에 입증해 보였습니다. 그런데 우리는 이 일화를 통해 또 한 가지 중요한 사실을 알 수 있습니다. 바로 기원전 6세기 전후 고대 그리스에서 압착법에 의

한 유지 생산이 보편화되어 있었다는 점입니다.

유지를 사용하는 조리법, 즉 프라잉이 처음 등장하는 문헌은 바로《구약 성서》입니다.《구약 성서》레위기 제2장을 보면 이스라엘 민족이 신에게 곡식을 봉양하던 전통에 관한 내용이 기술되어 있습니다. 그런데 여기에 오븐에 구워진 빵과 프라잉한 빵이 구별되어 등장합니다. 연구자들에 따르면 이 내용은 기원전 600년경의 상황을 반영하고 있다고 합니다. 따라서 이 시기의 중동 지역에서도 이미 프라잉이 하나의 조리법으로 자리 잡고 있었음을 알 수 있습니다.

하지만 아쉽게도 딥 프라잉, 즉 튀기는 조리가 정확히 언제부터 시작되었는지는 아직까지 분명하게 밝혀진 바가 없습니다. 다만 튀김 요리가 처음 등장한 문헌은 1세기경에 편찬되었을 것으로 추정되는 최초의 요리서《요리에 대하여De Re Coquinaria》입니다.

이 책의 저자는 당시 로마의 유명한 미식가였던 아피시우스Apicius라고 알려져 있습니다. 그러나 '아피시우스'라는 말에는 '미식가'란 의미가 있어서 이 책의 저자가 실존 인물인지에 대해 의견이 분분합니다. 전하는 바에 따르면 로마의 한 부유한 가문에서 태어난 아피시우스는 많은 유산을 물려받아 풍족하게 살았고 요리를 위해서라면 돈을 아끼지 않았다고 합니다. 그러나 상속받은 재산을 거의 탕진하게 된 그는 '배고픔이 두려워' 스스로 목숨을 끊었다고 합니다.

이 책에 등장하는 최초의 튀김 요리는 바로 알리테르 둘키아Aliter Dulcia입니다. 이 명칭은 라틴어인데 우리말로 풀자면 '또 다른 달콤한 요리'라는 뜻입니다. 오늘날 우리가 즐겨 먹는 프렌치토스트와 매우 유사한 요리로, 만드는 방법은 다음과 같습니다.

먼저 팬에 올리브유를 넣고 가열합니다. 여기에 채로 곱게 거른 밀가루를 넣고 우유를 첨가한 후 잘 섞이도록 저어 줍니다. 그다음 이것을 넓적한 그릇에 부어 납작하고 둥근 모양으로 만들어 준 후 충분히 식혀 도우Dough의 형태로 만듭니다. 이 도우를 적당한 크기로 잘라 내어 가열한 올리브유에 담가 튀긴 후 기름을 제거합니다. 마지막으로 꿀을 흠뻑 바르고 각종 향신료로 간을 하여 완성합니다.

한편 이 책에는 오늘날의 프라이드치킨과 매우 유사한 형태인 아피시우스 치킨Apicius Chicken을 만드는 방법도 수록되어 있습니다. 그러나 이 요리는 외양만 비슷할 뿐, 실제로는 프라이드치킨과 전혀 다른 방식으로 만들어집니다. 닭고기를 얕은 기름에 넣어 프라이를 한 후 이를 다시 오븐에서 굽는 방식으로 만들어지기 때문입니다.

이 시기 이후 튀김의 발전은 더디기만 했습니다. 아마도 일반 서민이 사용하기에는 유지가 비쌌기 때문일 것입니다. 소수의 미식가를 위한 별미였던 튀김이 대중적인 요리로 자리를 잡는 데에는 많은 시간이 필요했습니다.

1498년에 재발간된 《요리에 대하여》
이 책은 라틴어로 쓰였으며 모두 10권으로 구성되어 있다. 고대 로마에서 인기 있었던 요리들을 조미료, 야채 요리, 가금류 요리, 해산물 요리 등으로 분류해 그 레시피를 소개하고 있다. (출처: 위키피디아)

알리테르 둘키아
고대 로마 시대의 요리인 알리테르 둘키아는 문헌상 인류 최초의 튀김 요리로 기록되어 있다. 오늘날의 프렌치토스트와 매우 유사한 요리였을 것이다. (출처: 히니즈푸드닷컴)

지방을 선호하는 인간의 본능

13세기경 중세 유럽에서 발간된 요리책들을 살펴보면 생선튀김을 비롯해 다양한 튀김 요리가 등장하고 있습니다. 이 시기에 튀김 요리가 대중화될 수 있었던 이유는 무엇일까요?

당시 유럽은 가톨릭교의 강력한 영향 아래에 놓여 있었습니다. 가톨릭교에서는 사순절과 같은 특별한 기간을 금육일로 지정하여 육식을 멀리하는 전통이 있었습니다. 이 기간 동안에는 성직자를 포함하여 그 누구도 육식을 할 수 없었습니다.

하지만 금지할수록 더 하고 싶어지는 것이 인간의 본능인지도 모르겠습니다. 그래서 당시 유럽인들은 어떻게 하면 종교적 금기를 지키면서 육식의 즐거움을 누릴 수 있을지 그 방법을 궁리했습니다. 그렇게 찾아낸 것이 바로 튀김이었습니다.

이들은 생선, 야채 등에 양념을 가미하고 여기에 밀가루를 뿌리거나 아니면 반죽 상태의 튀김옷을 입혀 튀겨 내었습니다. 이렇게 기름에 튀겨진 요리는 단백질과 지방이 풍부하고 기름이 만들어 내는 고소한 풍미까지 가미되어, 육류를 대신할 만한 훌륭한 요리로 각광을 받았습니다. 덕분에 튀김 요리는 중세 유럽에서 점차 대중화되기 시작했습니다.

한편 이 시기에 스페인 등 유럽 각지에서 올리브와 같은 종자식물들이 대량으로 재배되기 시작했고 보다 손쉽게 유지를 얻을 수 있게 되었습니다. 이는 중세 유럽에서 튀김 요리가 대중화되는 데 기여한 또 하나의 요인입니다.

우리나라를 비롯한 아시아 문화권에서는 전통적으로 곡물이나 채소 위주의 식단을 즐겼습니다. 그래서 소량의 유지를 사용하여 볶거나 부치는 요리가 일부 있었을 뿐, 많은 양의 유지를 사용하여 튀기는 조리법은 발달하지 못했습니다. 그러나 16세기 이후 서양 문명과 접촉하면서부터 아시아 지역에서도 튀김이 하나의 조리법으로 자리를 잡게 됩니다. 예를 들어, 일본을 대표하는 튀김 요리인 덴푸라의 기원은 일본이 서양과 교류를 시작하면서 받아들인 포르투갈의 튀김 요리에서 비롯되었습니다.

이처럼 튀김 요리는 면이나 국, 탕 요리에 비해 그다지 역사가 길지 않습니다. 이런 부분을 감안하면 튀김은 마치 연예계나 스포츠 분야에 등장한 대형 신인처럼 그 인기가 급상승했다고 볼 수 있습니다. 우리는 왜 이토록 튀김을 좋아하게 되었을까요?

식재료를 튀기면 식감과 풍미가 좋아질 뿐 아니라 지방의 함량 또한 증가합니다. 물론 비만이나 고혈압처럼 생활 습관병이 심각한 사회 문제가 되어 버린 탓에 지방은 우리 몸에 좋지 않은 물질이라는 인식이 강해졌습니다. 하지만 이 지방이야말로 우리가 생존하는 데 필수적인 영양분 중 하나입니다.

지방은 다른 영양분에 비해 에너지 효율이 뛰어납니다. 다시 말해 적은 양으로도 더 많은 에너지를 제공한다는 의미입니다. 또한 지방은 우리 몸속에서 장기간 안정적인 저장이 가능하다는 장점도 있습니다. 따라서 효율이 좋은 지방을 몸속에 충분히 저장한다면 생존에 더할 나위 없이 유리합니다. 우리는 그러한 과정을 통해 살아남은 사람들의 후손인 셈입니다.

여기까지 살펴보자 저는 비로소 이해가 되었습니다. 우리가 왜 그토록 기름진 음식을 탐하게 되었는지 말이죠. 현재 인류의 DNA에는 지방을 선호하는 원초적인 본능이 내재되어 있었던 것입니다. 우리는 지방을 좋아할 수밖에 없는 존재로서 기본 프로그래밍이 되어 있었던 셈이죠.

1908년 오스트리아의 빌렌도르프Willendorf 지방에서 높이 약 11센티미터의 작은 여자 조각상 하나가 발견되었습니다. 매우 굵은 허리와 큰 유방과 엄청나게 지방이 축적된 엉덩이가 특징이었던 이 조각상은 방사성 탄소 연대 측정 결과 약 2만 년 전 구석기 시대의 것으로 밝혀졌습니다.

오늘날의 미적 기준으로 본다면 상당한 비만 체형이지만 당시에는 매우 선호되는 체형이었던 것 같습니다. 풍만한 여성은 풍요와 다산의 여신으로 숭배를 받았던 것입니다. 물론 예술적인 측면에서 고려한다면 다소 과장된 부분도 있겠지만, 분명한 사실은 오래전 우리 조상들은 지방을 매우 선호했다는 점입니다.

그러나 현대인은 풍만한 몸보다 군살 없이 날씬한 몸을 선호합니다. 날씬해지기 위해서라면 무언가 먹고 싶다는 본능까

빌렌도르프의 비너스
이 조각상의 외형은 커다란 유방, 굵은 허리, 볼록 튀어나
온 배, 풍만한 엉덩이가 특징이다. 구석기 시대의 원시 인
류가 이상적인 여성상을 투영한 것은 아닐까? 많은 학자
가 이 조각상을 생식, 출산, 다산의 상징으로 보고 있다.

지 억제할 정도입니다. 그렇다고 해도 지방을 선호하는 우리의
본성은 크게 바뀌지 않았습니다. 다이어트를 하는 도중에 자신
도 모르게 기름진 음식에 손이 갔다면 그것은 여러분의 잘못이
아닙니다. 우리 조상들이 우리 몸속에 남겨 놓은 DNA 때문입
니다!

기름진 음식의 대표는 단연 튀김입니다. 다량의 유지를 사
용해 튀기면 지방 함량이 원래 식재료보다 더욱 높아집니다. 예
를 들어 비교적 값싼 탄수화물 공급원인 감자를 튀기면 고급스
러운 지방 공급원으로 재탄생합니다. 남녀노소 누구나 튀김을
좋아하는 또 다른 이유가 바로 여기에 있습니다. 튀김은 지방
을 선호하는 우리의 오래된 본성을 자극합니다. 그것도 무지막
지하게!

한편 우리 인간에게는 지방을 선호할 수밖에 없는 본성이
있기 때문에, 지방에 의한 맛을 또 하나의 기본 맛으로 인정해
야 한다는 주장이 제기되고 있습니다.

미국 퍼듀대학교의 리처드 맷츠R. D. Mattes 교수가 수행한 실험에 따르면, 지방산에 의한 '기름진 맛'은 기본 맛으로 분류될 만한 독특한 감각을 불러일으킨다고 합니다. 그는 이 맛을 '올레오구스투스Oleogustus'라고 명명했는데, 이 라틴어는 '기름지고 맛있다'라는 의미를 가지고 있습니다. 그러나 기름진 맛에 대응하는 우리 몸속의 화학 수용체Chemoreceptor가 아직 발견되지 않았기 때문에, 앞으로 기름진 맛이 또 하나의 기본 맛으로 인정될 수 있을지 그 여부는 더 지켜보아야 하겠습니다.

그런데 기름진 맛의 실체가 규명되고 이에 대한 연구가 더 진행되면 기름진 맛을 만들어 내는 합성 조미료가 탄생할 수도 있을 것입니다. 만약 그렇게 되면 기름진 맛을 선호하는 우리의 본성을 억누르지 않으면서도 살찔 걱정 없이, 기름진 맛을 마음껏 즐길 수 있는 시대가 오지 않을까요?

곤충의 바삭함과 닮은 튀김의 식감

우리가 튀김을 좋아하는 또 다른 이유가 있습니다. 미국의 문화인류학자 존 앨런John Allen에 따르면, 인간이 튀김을 선호하는 경향은 영장류 단계에 머물던 시절부터 섭취해 온 음식물들의 특성과 매우 밀접한 관련이 있다고 합니다.

침팬지와 고릴라 같은 영장류를 관찰하면 그들 또한 우리

인류와 마찬가지로 잡식성임을 알 수 있습니다. 그런데 이 영장류들은 육류보다 주변에서 쉽게 채집할 수 있는 과일, 채소, 곤충 등을 즐겨 먹습니다.

문득 언젠가 한 텔레비전 프로그램에서 고릴라가 식사하는 장면을 본 기억이 떠올랐습니다. 그 고릴라는 얌전하게 앉아서 엄청난 양의 과일과 채소를 먹어 치우고 있었지요. 저는 의아한 생각이 들었습니다. '저 커다란 덩치를 유지하려면 무조건 고기만 먹어야 할 것 같은데 왜 과일만 먹고 있지?'

농경 문화 이전의 우리 조상들 또한 영장류와 마찬가지로 과일, 채소, 곤충 등을 주로 먹었습니다. 가축을 사육하거나 각종 곡물을 재배하여 식재료를 풍족히 조달할 수 있게 되기 전에는 아무래도 사냥이나 채집 활동에 의존할 수밖에 없었을 것입니다. 이때 성공 확률도 낮고 다치거나 목숨을 잃을 수도 있는 위험한 사냥보다는 채집 활동이 더 선호되었을 것입니다. 그러다 보니 쉽게 채집할 수 있는 과일과 채소를 즐겨 먹게 된 것입니다.

하지만 여전히 주식 메뉴에 곤충이 포함된 것은 납득하기 어려웠습니다. 그런데 우리 인간은 곤충을 전혀 먹지 않을까요? 그렇지 않습니다. 다큐멘터리에 종종 등장하는 오지의 원주민들은 곤충을 훌륭한 단백질 공급원으로 여깁니다. 동남아시아 국가들의 야시장에서는 각종 곤충 튀김 요리가 판매되고 있습니다. 인류는 지금까지도 곤충을 즐겨 먹고 있는 것입니다.

과일, 채소, 곤충은 식재료로서 한 가지 공통점을 가지고 있습니다. 바로 '아삭한 식감'이지요. 이 식재료에 대한 우리 조상들의 선호는 진화 과정에서 DNA에 그 흔적을 남겼습니다. 그런데 한번 떠올려 봅시다. 갓 튀겨진 튀김 요리를 한 입 베어 물었을 때의 그 식감, 그 바삭함은 과일, 채소, 곤충을 씹었을 때 느껴지는 그것과 닮아 있습니다. 그래서 우리는 튀김을 그토록 좋아하게 된 것인지도 모릅니다.

우리가 튀김과 사랑에 빠질 수밖에 없었던 것은 바로 이런 운명적이고 필연적인 이유 때문이었습니다. 그럼 동서양의 문

곤충 튀김의 향연
곤충은 원시 인류가 손쉽게 단백질을 섭취할 수 있는 요긴한 수단이었다. 사진은 태국의 한 시장에서 판매되고 있는 다양한 종류의 곤충 튀김 요리다.

화는 이 소중한 사랑을 어떻게 키우고 가꿔 나갔을까요? 이어지는 장에서는 대표적인 튀김 요리를 통해 튀김의 역사와 문화를 살펴보겠습니다. 생생하게 살아 숨 쉬는 이야기를 통해 튀김의 세계로의 여행이 한층 더 흥미진진해질 것입니다.

2장

세상에
튀기지 못할 재료는 없다

당신이 내게 어떤 것을 먹는지 말해 준다면,
나는 당신이 어떤 사람인지 말해 주겠다.

장 앙텔름 브리야사바랭Jean Anthelme Brillat-Savarin
（1755~1826, 프랑스 법관 겸 미식 평론가）

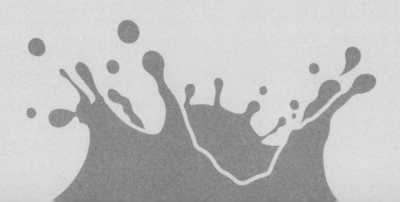

아시아에 진출한 중세 유럽의 야채튀김 : 덴푸라

덴푸라와 오뎅은 다르다?

덴푸라는 후라이フライ, 가라아게からあげ와 더불어 일본을 대표하는 튀김 요리입니다. 서양식 튀김 방식에 가까운 후라이는 빵가루를 입힌 후 튀겨 낸 요리인데 그 종류로는 돈카츠, 새우 후라이, 고로케가 있습니다. 가라아게는 밑간을 한 재료에 밀가루나 전분 등을 묻혀 튀겨 낸 것으로, 특히 치킨 가라아게는 술 안주나 도시락 반찬으로 인기가 많습니다.

그렇다면 덴푸라는 어떤 요리일까요? 본격적으로 들어가기에 앞서 덴푸라에 대한 족보를 살펴보겠습니다. 우리나라에서는 덴푸라를 '덴뿌라'라고 발음하며 어묵 또는 오뎅おでん과 혼동하는 경우가 많습니다. 하지만 이들은 서로 확연하게 구별

오뎅

우리나라의 어묵에 해당하는 가마보코를 끓여 낸 탕 요리가 바로 오뎅이다. 우리나라에서는 가마보코 자체를 오뎅이라 부르기도 한다. 일본에서는 가마보코를 쪄서 만들었지만 1860년경부터는 튀겨서 만들기 시작했다.

다양한 재료의 덴푸라

생선, 야채, 조개 등 여러 식재료를 빠른 시간 내에 튀겨 내는 덴푸라. 한국에서는 가마보코(어묵)나 오뎅과 혼동되는 경우가 많다. 원래 덴푸라는 유럽에서 기원하여 일본식으로 변형된 튀김 요리다.

되는 요리입니다.

어묵은 생선 살에 여러 양념을 가미하고 일정한 모양으로 만들어서 찌거나 굽거나 튀겨 내는 요리인데 일본에서는 이를 가마보코かまぼこ라 부릅니다. 그리고 오뎅은 바로 이 어묵과 함께 무, 곤약 등을 넣어 끓여 낸 탕 요리를 가리키지요.

하지만 덴푸라를 만드는 데에는 생선 외에도 여러 식재료가 사용됩니다. 야채, 조개류 등 그 범위를 한정할 수 없을 정도로 다양한 덴푸라가 만들어질 수 있습니다. 일단 기본 식재료가 정해지면 거기에 밀가루, 달걀, 물로 반죽한 튀김옷을 입히고 고온의 기름에서 신속하게 튀겨 내면 됩니다.

처음에는 생선이나 조개류를 사용한 경우에만 덴푸라라 부르고, 야채를 사용한 것은 쇼진아게精進揚げ라 하여 구별했습니다. 하지만 시간이 지남에 따라 이들 모두를 아울러 덴푸라라 부르게 되었지요. 참고로 쇼진아게라는 명칭은 '정진을 위한 튀김 요리'라는 뜻인데, 육식을 할 수 없는 사찰의 승려들이 즐겨 먹었기 때문에 이런 이름으로 불리게 되었습니다.

선교사들의 튀김을 모방하다

과거 일본은 중국과 조선을 제외하고는 매우 오랫동안 외국과의 교류를 엄격하게 금지해 왔습니다. 그러던 중 처음으로 서양과 접촉하게 된 사건이 일어났습니다. 1543년 무역을 위해 명나라로 향하던 포르투갈의 무역선 한 척이 표류하면서 일본 규슈 지방의 다네가시마種子島에 도착하게 된 것입니다.

이를 계기로 일본은 비록 제한적이지만, 포르투갈과의 교역을 시작했습니다. 서양의 정세를 파악하기 위해서 어느 정도의 접촉은 필요하다고 판단했기 때문입니다. 그런데 포르투갈은 교역 이외에 가톨릭교 전파에도 관심이 많았습니다. 이에 경각심을 느낀 일본 정부는 가톨릭 포교를 공식적으로 금지하고 포르투갈인들의 활동 범위를 데지마出島라는 작은 섬으로 제한하는 조치를 취했습니다.

데지마 섬의 모습
데지마 섬은 1636년 나가사키만에 조성된 인공 섬으로 축구장 약 1.5배 크기이다. 현재는 데지마 주변이 매립되어 섬으로서의 기능은 상실되었다.

이 섬은 일본인과 포르투갈인 간의 직접적인 접촉을 제한하기 위해서 조성한 부채꼴 모양의 인공 섬입니다. 조선의 부산포 등에 설치되었던 왜관을 모방하여 만들어졌지만 그 범위는 조선의 왜관에 비해 매우 협소하였습니다. 원칙적으로 공무를 보는 소수의 관리만 출입이 가능하였고 일반인들의 출입은 금지되었다고 합니다.

하지만 포르투갈인들의 포교 활동은 은밀히 계속되었고 1639년에 이르러서는 마침내 모든 포르투갈인이 일본에서 추방되기에 이릅니다. 이후 포르투갈을 대신하여 네덜란드가 데지마의 새로운 주인으로 옵니다. 네덜란드인들은 포르투갈인들과 다르게 오로지 교역에만 관심이 있었지요. 덕분에 네덜란드는 일본과의 교역을 상당 기간 동안 독점하게 됩니다.

이러한 시대적 상황에서 일본은 자연스레 유럽의 영향을 많이 받았습니다. 덴푸라 또한 바로 이 시기에 전래된 포르투갈의 튀김 요리에 기원을 두고 있습니다. 덴푸라의 기원이 된 튀김 요리는 과연 무엇일까요?

중세 포르투갈에서는 매 계절이 시작되는 3일간 육식을 절제하면서 신에게 기도를 올리는 전통이 있었습니다. 이 기간을 쿼터 템포라Quatuor Tempora, 사계재일라고 불렀습니다. 여기서 '쿼터'는 4분의 1, '템포라'는 잠시 또는 임시를 뜻합니다.

맛도 좋고 영양도 풍부한 육식을 한동안 절제하는 데에는 상당한 인내가 필요했습니다. 특히 서민들에 비해 경제적 여유가 있어 평소 육식을 즐겼던 성직자들에게는 그 고통과 어려움이 더욱 컸습니다. 그래서 그들은 육식의 즐거움을 대신할 수 있는 새로운 요리 개발에 착수했습니다. 그렇게 탄생한 메뉴가 바로 '페이시뉴 다 오르타Peixinhos da Horta'입니다.

여기서 '페이시뉴'는 작은 물고기들, '오르타'는 야채를 키우는 정원을 의미합니다. 야채를 사용해 만든 튀김 요리의 모양이 작은 물고기와 비슷하다 하여 붙여진 명칭이지요. 콩꼬투리, 호박, 피망 등을 주재료로 삼아 밀가루로 만든 튀김옷에 입혀 튀겨 내는 것이었습니다.

16세기, 나가사키에서 활동하던 포르투갈 성직자들 또한 이 전통을 지켰습니다. 그들은 쿼터 템포라 기간이면 본국에서와 마찬가지로 다양한 야채를 이용해 튀김 요리를 만들어 먹었습니다. 그런데 이 이국적인 광경은 일본인들의 눈길을 단번에 사로잡았습니다.

그리고 얼마 지나지 않아 일본에 이를 모방한 요리가 등장했습니다. 생선, 조개, 야채를 주재료로 삼아 여기에 밀가루, 메밀가루, 달걀, 설탕, 술 등을 섞은 튀김옷을 입혀 튀겨 낸 것입니다. 이것이 바로 덴푸라의 시초가 되었습니다. 그런데 덴푸라라는 명칭의 유래에는 다음과 같은 재미난 일화가 있습니다.

어느 날, 한 일본인이 야채튀김 요리를 먹고 있던 포르투갈 성직자에게 물었다.

"지금 먹고 있는 것이 무엇입니까?"

그러나 성직자는 일본어를 잘하지 못했다. 그래서 그 일본인의 질문을 '왜 그런 요리를 먹느냐?'라는 의미로 이해하고 말았다. 성직자는 "쿼터 템포라"라고 대답한 후 친절하게 그 유래에 대해 설명해 주었다. 하지만 그 일본인도 성직자의 설명을 제대로 알아듣지 못했다. 그래서 튀김 요리를 일컬어 '덴푸라'라고 부르게 되었다.

한편 덴푸라의 기원을 '페이시뉴 다 오르타'가 아니라, 선교사들이 즐겨 먹었던 다른 튀김 요리인 '페스카도 프리토Pescado Frito'에서 찾아야 한다는 주장도 있습니다. 페스카도 프리토에 대해서는 나중에 다시 다루겠습니다.

이처럼 덴푸라는 일본이 서양과 접촉하여 처음으로 배우게 된 튀김 요리입니다. 중세 유럽에서 대중화된 튀김이 바야흐로 아시아에도 전파되어 대표 요리로 자리를 잡기 시작한 것입니다.

궁극의 튀김옷을 완성하다

덴푸라의 가장 큰 특징은 느끼하지 않으면서도 유별나게 바삭바삭한 튀김옷입니다. 일본인들은 단순히 유럽의 것을 모방하는 데 그치지 않았습니다. 그들은 보다 정교하게 튀기는 기술을 발전시켰지요.

서양의 튀김은 튀김옷이 두꺼워 바삭한 식감이 덜할 뿐 아니라, 기름이 속 재료까지 스며들어 다소 느끼한 편입니다. 이러한 단점을 개선하기 위해 일본인들은 튀김옷을 되도록 얇게 만들고 빠른 시간 안에 튀겨 내는 기술을 개발해 내었습니다. 이렇게 만들어진 덴푸라는 바삭한 식감과 함께 담백한 풍미가 서로 조화를 이루는, 그야말로 궁극의 튀김 요리가 될 수 있었습니다.

물론 처음부터 완벽했던 것은 아닙니다. 서양의 튀김을 모방했던 나가사키의 덴푸라는 튀김옷이 두껍고, 오랫동안 튀기다 보니 튀김옷도 새까맣게 타 버리고는 했습니다. 그러나 여러 시행착오와 부단한 노력 끝에 튀김옷은 점차 얇아지고 튀기는 시간 또한 조금씩 줄어들면서 비로소 오늘날과 같은 형태를 갖추게 되었습니다.

튀김옷을 만드는 데에는 밀가루, 달걀, 물이 사용됩니다. 이것들을 잘 배합해야 하는데 이때 주의할 점은 되도록 찬물을 사용하고 혼합 시간이 길어서는 안 된다는 점입니다. 일반적으로 젓가락을 사용하여 짧은 시간 내에 반죽을 완료합니다. 부침용 반죽을 만들 때처럼 강하게 반죽해서는 안 되는 것이죠.

튀김 반죽은 미리 만들어 놓은 것보다 튀기기 직전에 만든 것을 사용하면 더욱 좋습니다. 그리고 이 반죽을 냉장 보관하여 가능한 온도를 낮추어야 합니다. 그러지 않으면 반죽 내에 글루텐Gluten이 과도하게 활성화되어 덴푸라 고유의 바삭한 식감을 살리지 못합니다.

글루텐은 밀가루에 포함된 일종의 단백질 성분인데 여기에 물리적 작용이 가해지면 점착성이 있는 얇은 막의 형태로 바뀝니다. 밀가루를 반죽 상태로 만들면 차지게 되는 것은 바로 이러한 작용 때문입니다.

글루텐이 활성화되면 쫄깃한 식감을 얻을 수 있습니다. 그래서 빵이나 국수, 수제비와 같은 요리에 사용되는 밀가루는 글루텐 생성량이 많은 것을 사용하고 반죽도 비교적 오래 합니다. 그러나 바삭한 식감을 얻고자 한다면 글루텐이 너무 많이 활성화되지 않도록 주의해야 합니다. 물론 사용되는 밀가루도 가능하면 글루텐 생성량이 적은 것을 선택하는 게 좋습니다.

한편 더 가볍고 바삭한 식감의 튀김옷을 만들기 위해 반죽하는 과정에서 베이킹 소다가 첨가되거나 물 대신에 탄산수 H_2CO_3가 사용되기도 합니다. 베이킹 소다는 제빵 공정에서 빵을 부풀리는 데 사용하는 일종의 팽창제인데 주성분은 탄산수소나트륨NaHCO₃입니다. 이 탄산수소나트륨은 열이 가해지면 분해되어 수증기와 이산화탄소 기체를 생성하게 됩니다.

$$2NaHCO_3 \rightarrow Na_2CO_3 + H_2O(수증기) + CO_2(이산화탄소)$$

이렇게 생성된 기체들은 튀겨지는 동안 튀김옷을 뚫고 배출되면서 수없이 많은 작은 구멍을 남깁니다. 쉽게 말해 스펀지처럼 구멍이 숭숭 뚫린 구조가 만들어지는 것입니다. 이러한 구조를 다공질 구조라고 합니다. 스낵이 바삭한 것도 바로 이 다공질 구조 덕분입니다.

탄산수를 사용하는 이유가 바로 여기에 있습니다. 탄산수는 이산화탄소를 물에 용해시킨 것인데요. 튀김옷을 반죽할 때 탄산수를 사용하면 튀기는 과정에서 더 많은 기포가 생성되어 다공질 구조가 만들어지는 데 큰 도움이 됩니다.

물론 일반적인 방식으로 튀김옷을 만들어도 덴푸라의 바삭한 식감을 얻을 수 있습니다. 튀김옷에 포함되어 있던 수분이 고온에서 수증기 형태로 배출되면서 다공질 구조를 형성하기 때문입니다. 그러나 베이킹 소다나 탄산수를 첨가하면 다공질 구조가 더욱 활성화되면서 더 가볍고 바삭한 식감을 얻을 수 있습니다.

다공질 구조
튀김옷 반죽에 포함되어 있던 수분이 고온의 기름에 의해 기체로 변하여 튀김옷을 뚫고 배출되면 조그마한 구멍이 무수히 생겨난다. 이것이 바로 바삭함의 비밀이다.

어패류를 튀길 때 유지의 온도는 190℃ 정도, 야채류는 170℃ 정도가 적당합니다. 야채는 어패류보다 상대적으로 열에 취약하기 때문이지요. 또한 튀김옷이 얇게 입혀지는 만큼 너무 오랫동안 튀기지 않도록 주의가 필요합니다.

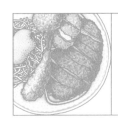

세 겹의 튀김옷을
꺼입은 돼지고기
: 돈카츠

서양 콤플렉스를 요리로 승화하다

돈카츠는 두툼한 돼지고기에 밀가루, 달걀, 빵가루를 차례로 묻힌 후 고온의 기름에서 튀기고 여기에 갈색의 소스, 잘게 썬 양배추, 밥과 함께 제공되는 일본 전통의 튀김 요리입니다. 카 레라이스, 고로케コロッケ와 더불어 일본을 대표하는 3대 양식洋 食이지요.

국립국어원 표준국어대사전에 따르면, 일본식 발음을 그대 로 사용한 '돈카츠'의 표준어는 '돈가스'이고 우리말로 순화된 표현으로는 '돼지고기 너비 튀김'이 있습니다. 일상에서는 '돈까 스'란 명칭을 많이 사용하고 있지요. 하지만 일본식 돈카츠와 한국식 돈가스는 여러모로 상이하기 때문에 이 책에서는 구별하여 지칭하도록 하겠습니다.

오늘날 우리가 흔히 접할 수 있는 형태의 돈카츠는 1929
년 도쿄 우에노에 위치한 폰치켄ポンチ軒이라는 식당에서 시마다
신지로島田信二郎에 의해 처음으로 만들어졌다고 합니다. 그러나
돈카츠의 기원은 이보다 오래전으로 거슬러 올라갑니다.

19세기 일본의 정세는 매우 혼란했습니다. 1854년, 일본
정부는 단 몇 척에 불과했던 미국 함대에 굴복하여 강제적으로
개항하게 됩니다. 이 때문에 무능한 정부에 대한 불만이 점차
고조되었고, 왕을 받들고 서양을 배척하자는 존왕양이尊王攘夷
운동이 전국 도처에서 들불처럼 일어났습니다. 그리고 1867년,
마침내 에도 막부의 마지막 권력자 도쿠가와 요시노부가 권력
을 왕에게 반환하면서 막부 정권은 종말을 고하게 됩니다.

이때 즉위한 메이지 왕은 이듬해인 1868년 메이지 유신이
라 불리는 대대적인 개혁을 통해 기존의 쇄국 정책을 과감히 폐
지하고 서양 문물을 적극적으로 수용하게 됩니다. 일본의 유학
생들이 유럽 각국으로 파견되었고, 전국 각지에는 서양식 학교
가 세워졌습니다. 또한 철도, 전신 등 서양의 신기술들이 무서
운 속도로 밀려 들어왔습니다.

이처럼 일본은 맹렬한 속도로 서구화가 진행되었지만, 일
본인들에게는 여전히 극복하지 못한 콤플렉스가 있었습니다.
그것은 바로 서양인들과의 현격한 체격 차이였지요. 1854년 미
국의 페리 제독을 만난 일본인들은 그의 거대한 체격에 위압감

덴구
덴구의 무시무시한 얼굴을 묘사한 가면. 덴구는 일
본 전설에 등장하는 마계를 지배하는 요괴다. 붉은
얼굴에 큰 코, 허리에는 큰칼을 차고 깃털 부채를
든 모습이 특징이다. (출처: 위키피디아)

을 느낀 나머지 그를 덴구天狗라는 요괴로 묘사할 정도였습니
다. 그만큼 일본인들의 콤플렉스는 상당했던 것 같습니다.

이에 일본 왕은 서양인 교사들에게 자문을 구했습니다. 그
들이 제시한 해결책은 육식과 목축을 장려해야 한다는 것이었
죠. 이후 일본 정부는 우유와 육식을 적극 장려하는 정책을 펼
치게 됩니다.

그러나 불교문화의 영향으로 오랫동안 육식을 금기시했던
일본인들이 육식에 익숙해지기란 말처럼 쉬운 게 아니었습니
다. 하지만 어떻게 해서든 정부의 정책을 따라야만 했기 때문에
이리저리 방안을 모색했습니다. 육식을 자신들의 입맛에 맞도
록 다양한 시도를 펼친 것이지요. 그 가운데 하나가 바로 덴푸
라를 통해 친숙해진 튀기는 조리법이었습니다. 육류를 튀기면
잡내가 없어지고 고소한 풍미까지 가미되지요. 덕분에 일본인
들의 입맛에 잘 맞는 고기 요리를 만들 수 있었던 것입니다. 그

렇게 돈카츠가 탄생하게 되었습니다.

　돈카츠와 가장 유사한 서양의 요리로는 뼈가 붙은 고기에 튀김옷을 입히고 얕게 두른 기름에 부쳐 내는 커틀릿이 있습니다. 일본에서는 커틀릿을 '카츠레츠ヵッレツ'라고 부릅니다. 1895년 도쿄 긴자에 위치한 음식점 렌카테이煉瓦亭의 주인, 키다 겐지로木田 元次郎는 이 요리를 응용하기로 했습니다. 그는 뼈를 발라낸 돼지고기를 얇게 손질한 후 밀가루, 달걀, 빵가루를 차례로 입히고 충분한 양의 기름에 튀겨 내었지요. 여기에 채를 썬 양배추를 곁들여 내놓았습니다. '포크 카츠레츠'라는 이름의 이 요리가 바로 최초의 돈카츠인 것입니다.

도쿄 긴자의 렌카테이
최초의 돈카츠라고 할 수 있는 포크 카츠레츠를 일본에서 제일 처음 판매한 곳으로, 1895년 개점한 이래 현재까지 영업 중인 노포 중의 노포다. (출처: 위키피디아)

이후 돼지고기는 더 두툼해졌고, 튀겨진 후 먹기 좋게 몇 조각으로 잘려 나왔으며, 일본식 된장국과 밥이 곁들여졌지요. 이렇게 돈카츠는 발전을 거듭하며 오늘날 우리가 흔하게 접할 수 있는 형태를 갖추게 되었습니다.

돈카츠는 요리의 역사 속에서 매우 독특한 사례 중 하나입니다. 왜냐하면 대부분의 요리는 일반 서민의 수요에 의해 만들어진 후 서서히 확산되었기 때문이죠. 하지만 돈카츠는 서양인의 체격과 체력을 닮고 싶은 지배 계층의 강한 의지와 이에 호응한 국민의 기지가 결합되어 탄생했습니다. 덕분에 일본 사회에서 널리 퍼지며 가장 사랑받는 메뉴 중 하나가 될 수 있었습니다.

돈카츠의 무한 변신

돈카츠는 돼지를 뜻하는 한자 돈豚과 서양의 고기 요리인 커틀릿의 일본식 표기인 카츠레츠ｶﾂﾚﾂ가 더해진 말입니다. 처음에는 포크 카츠레츠 또는 돈 카츠레츠라고 불렀는데 이를 줄여 돈카츠라고 부르게 되었습니다. 참고로 '카츠'는 '승리, 합격'이라는 의미를 지닌 일본어 '勝つ'와 발음이 같습니다. 그래서 일본의 수험생들은 시험을 앞두고 마치 우리나라 수험생들이 엿이나 떡을 먹는 것처럼 돈카츠를 즐겨 먹는다고 합니다.

돈카츠의 어원인 커틀릿 또한 어원이 있습니다. 바로 프랑스어 코틀레트Cotelettes입니다. 코틀레트는 원래 뼈에 붙어 있는 상태로 잘라 낸 양의 갈빗살을 가리키는 용어였습니다. 오래전부터 유럽인들은 양의 갈빗살을 기름에 부쳐 먹곤 했는데, 이 때문에 코틀레트 또는 커틀릿은 기름에 부친 고기 요리를 지칭하는 명칭이 되었습니다.

비너 슈니첼Wiener Schnitzel은 유럽의 다양한 커틀릿 중에서 일본의 돈카츠와 가장 유사한 요리입니다. 우리나라에서는 흔히 오스트리아식 돈카츠라고 불리기도 하지요. '비너'는 비엔나식, '슈니첼'은 얇게 발라낸 고기를 의미합니다.

비너 슈니첼
비너 슈니첼은 한국식 돈카츠인 '왕돈가스'와 모습이 비슷하지만 그보다 더 얇고 별도의 소스 없이 즐기는 요리다.

비너 슈니첼을 만들 때에는 송아지 고기만을 사용하지만 그 외에는 만드는 방식이 돈카츠와 매우 유사합니다. 먼저 송아지 고기를 두드려 얇게 편 후 소금으로 밑간을 하고 밀가루, 달걀, 빵가루 순으로 튀김옷을 입힌 뒤 기름에 부쳐 냅니다. 여기에 레몬 조각, 감자 샐러드 등을 곁들이지요.

돈카츠는 그 명칭에서도 알 수 있듯이 돼지고기가 주재료입니다. 따라서 돈카츠의 종류는 사용되는 돼지고기의 부위에 따라 구분할 수 있습니다. 돈카츠의 양대 산맥은 바로 히레ヒレ카츠와 로스ロース카츠입니다. 히레카츠는 지방이 적고 부드러운 안심 부위를 사용하기 때문에 담백한 맛이 특징입니다. 반면 로스카츠는 지방 함량이 높은 등심 부위를 사용하기 때문에 고소한 풍미가 더 강합니다.

하지만 서양의 튀김 요리가 돈카츠로 변형된 것처럼 돈카츠 자체도 다양한 버전으로 진화를 거듭하고 있습니다. 돼지고기 대신 흰살 생선을 사용한 생선카츠, 닭 가슴살을 사용한 치킨카츠, 소고기를 사용한 규카츠, 치즈와 고구마를 갈아 넣어 달콤한 맛을 선호하는 젊은 세대의 입맛을 사로잡은 스위트 치즈카츠, 피자처럼 토핑을 얹어 먹는 피자카츠 등 헤아릴 수 없을 정도로 다양한 돈카츠가 새롭게 선을 보이고 있습니다.

한편 돈카츠는 먹는 방식에 따라서도 여러 갈래가 있는데 카츠돈은 밥 위에 돈카츠를 얹고 소스를 뿌려 먹는 일종의 돈카츠 덮밥입니다. 또한 카레라이스와 결합하면 카츠카레가 되지요. 꼬치 형태로 만들어 여러 가지 소스에 찍어 먹는 쿠시카츠, 한 입에 먹을 수 있도록 적당한 크기로 튀겨 테이크아웃 메뉴나 도시락 반찬으로 인기가 많은 한 입 돈카츠, 빵 사이에 돈카츠를 넣어 먹는 카츠 샌드위치, 뜨겁게 녹인 치즈에 돈카츠를 찍어 먹는 퐁듀 돈카츠 등이 돈카츠 메뉴의 대표적인 뉴 페이스입니다.

카츠 샌드위치
빵 사이에 돈카츠를 넣어 만드는 카츠 샌드위치. 일본에서는 '카츠산도'라는 이름으로 인기를 끌고 있다.

돈카츠와 돈가스의 차이

일본의 돈카츠와 한국식 돈가스 사이에는 일반적으로 다음과 같은 차이점들이 있습니다. 첫째, 돈카츠는 젓가락만으로도 식사가 가능하도록 먹기 좋게 미리 잘라져 나오는 반면, 한국식 돈가스는 일반적으로 자르지 않은 상태로 손님에게 제공됩니다. 일본에서 처음 돈카츠가 등장했던 시대에는 포크와 나이프가 매우 생소한 식사 도구였습니다. 그래서 돈카츠를 먹던 사람들이 포크에 찔리고 나이프에 베이는 등 '웃픈(우스우면서 슬픈)' 경우가 많았습니다. 이러한 까닭으로 일본에서는 나이프나 포크가 아닌 젓가락으로 집어 먹을 수 있도록 요리가 미리 잘라져서 나오는 방식이 정착되었습니다.

하지만 우리나라에서는 서양식 식사법이 대중에게 어느 정도 익숙해진 이후 돈카츠가 인기 메뉴로 자리를 잡았기 때문에 포크와 나이프가 쓰일 수 있었습니다. 여기에 돈카츠를 일식 요리가 아닌 서양식 요리라 생각하고 싶었던 국민적 정서도 영향을 미쳤다고 생각합니다. 물론 오늘날에는 일본식 돈카츠를 판매하는 전문점도 많아졌고, 직접 일본에 가서 즐기는 사람도 늘었기 때문에 돈카츠를 일식으로 분류하는 것이 일반적인 추세가 되었습니다.

또한 돈카츠의 경우 일반적으로 소스가 따로 제공되어 튀김을 찍어 먹는 방식이지만, 돈가스는 튀김 위에 소스가 듬뿍 뿌려져 나옵니다. 마치 탕수육의 '찍먹파, 부먹파' 분쟁처럼 말이지요. 소스 자체도 다소 차이가 있습니다. 둘 다 데미 글라스 Demi Glace 소스를 베이스로 하지만 일본식 소스는 한국의 소스보다 더 진하고 맛도 강한 편입니다.

마지막으로 돈가스는 돈카츠에 비해 상대적으로 더 얇게 다진 고기를 사용합니다. 그래서 돈가스는 바삭한 식감이 더 강조되지요. 이에 비해 돈카츠는 두툼한 고기를 사용함으로써 바삭한 튀김옷과 부드러운 속살 및 풍부한 육즙이라는 2가지 이질적인 식감 간의 균형을 강조합니다.

초기의 돈카츠는 지금의 돈가스와 매우 유사한 형태였습니다. 초기의 돈카츠가 커틀릿, 특히 비너 슈니첼의 영향을 크게 받았던 만큼 얇게 다진 고기를 튀겨 내고 여기에 소스가 뿌려져 나오는 방식이었습니다. 그러던 것이 점차 변형되어 지금의 돈카츠에 이르게 된 것입니다.

두드려라, 부드러워질 것이니

돈카츠가 많은 사람에게 사랑받는 이유는 다양하지만 그중에서 가장 매력적인 점은 앞에서 잠깐 이야기한 것처럼 바삭하고 고소한 튀김옷과 육즙이 풍부하고 부드러운 속살의 환상 조합, 이질적인 식감의 조화라고 할 수 있습니다. 요즘 말로 '겉바속촉(겉은 바삭하고 속은 촉촉한)'의 매력인 것이지요. 펄펄 끓는 기름에 풍덩 담가서 튀기는데 어떻게 겉은 바삭하고 속은 알맞게 익을 수 있을까요? 기름이 스며들면 안이고 밖이고 모조리 튀겨질 것 같은데 말이죠.

돈카츠가 만들어지는 과정을 따라가면 '겉바속촉'의 비밀을 알 수 있습니다. 우선 약 2센티미터 두께의 돼지고기를 준비한 후 고기를 다질 때 사용하는 일명 '고기 망치'나 칼의 손잡이 부분을 이용해 여러 번 두드립니다. 이런 손질 과정을 거치면 고기는 한층 더 부드러운 식감을 가지게 되는데 이것은 물리적 연화 작용 때문입니다.

고기 망치
생고기를 망치로 두드리면 연화 작용에 의해 육질이 부드러워져서 맛이 좋아지고 소화 흡수율도 높아진다. 어떤 이들은 이 망치를 마늘을 다지는 데 쓰기도 한다.

'연화'란 말 그대로 단단한 것이 부드러워지는 현상을 말합니다. 식재료의 단단한 조직이 부드러워지면 맛이 좋아질 뿐 아니라 소화 흡수율도 한층 높아집니다. 단백질과 같은 영양분은 작은 분자 여럿이 결합되어 만들어진 고분자에 속해 덩어리가 매우 큰 편입니다. 따라서 그 자체로는 소화 흡수율이 낮을 수밖에 없지요.

처가에서 처음 돈카츠 전문점을 오픈했을 때 온 가족이 새벽까지 망치와 칼을 들고 고기를 두드렸던 기억이 납니다. 물론 맛도 좋았지만 개업'발' 덕분에 몰리는 손님에 맞춰 돈카츠 재료를 마련하기 위해서였지요. 처음 해 보는 작업에 몸은 고됐지만 많은 손님이 우리 돈카츠 맛을 좋아해 주었기 때문에 행복한 비명을 질렀답니다.

고기를 두드려 연화시키는 과정은 단순해 보여도 상당한 기술과 감각이 필요한 작업입니다. 두드림이 모자라면 육질의 부드러움이 살지 않고, 지나치면 육즙이 모두 빠져 버리기 때문입니다. 이 작업을 할 때마다 '적당한 정도'를 찾아야 했지만 넘치거나 모자라기 일쑤였습니다. '적당'이라는 경지에 오르는 것은 정말 쉽지 않구나, 고기를 두드리다가 삶의 철학까지 고민하게 될 줄은 꿈에도 몰랐습니다.

다시 본론으로 돌아가, 육질을 연하게 만드는 다른 방법도 있습니다. 바로 고기를 키위나 파인애플 즙에 약 30분 정도 담가 두는 것입니다. 이 과일 즙에는 프로테아제Protease라는 단백질 분해 효소가 풍부하게 들어 있는데 이 효소가 작용하여 고기의 단백질 분자를 작은 크기의 분자로 분해합니다. 이는 일종의 화학적 연화 작용이라 할 수 있지요.

이렇게 전처리를 한 돼지고기에 소금과 후추로 간을 한 후 밀가루를 묻히고 달걀물에 살짝 담갔다 꺼냅니다. 그런 다음 곧바로 빵가루를 골고루 묻힙니다. 이때 빵가루는 서양식 튀김 요리에 쓰이는 것과 달리 약간 큰 덩어리의 빵가루를 사용해야 튀김옷이 더 바삭해진답니다. 한편 빵가루는 건조된 것보다 약간 수분을 함유한 습식 빵가루가 더 선호됩니다. 바싹 마른 건식 빵가루는 기름에 튀겨지는 과정에서 쉽게 타 버릴 수 있기 때문입니다.

이렇게 튀김옷을 입은 돼지고기는 약 170℃로 가열된 기름에 수분 동안 속까지 고루 익을 정도로 튀겨집니다. 보다 바삭한 식감을 강조하고 싶다면 낮은 온도에서 고기 속까지 익힌 후 고온에서 한 번 더 재빨리 튀겨 내면 됩니다.

튀겨지는 과정에서 밀가루, 달걀, 빵가루는 세 겹의 보호막을 형성합니다. 앞서 튀김의 묘미는 튀김옷의 바삭함과 육즙이 풍부한 속살의 부드러운 식감이 서로 조화를 이루는 것이라 설명했지요. 이런 3중 보호막은 돈카츠의 속살이 육즙을 잃어버리지 않도록 방지하는 역할을 수행합니다. 보호막이 세 겹이나 되니 그야말로 든든할 수밖에 없겠죠?

튀기는 온도와 시간 또한 중요합니다. 너무 고온에서 튀기거나 튀기는 시간이 길어질 경우 튀김옷이 타 버릴 뿐 아니라, 고기의 육즙이 빠져나와 육질이 질겨지게 되므로 온도와 시간을 세밀하게 조절해야 합니다. 기름의 온도와 튀기는 시간을 정확하게 지켜야 '겉바속촉'을 얻을 수 있는 것입니다.

기름과 건조 기술로
세상을 구휼하다
: 라면

세상을 뒤바꾼 인스턴트 라면의 탄생

뜨거운 물로 조리하여 간편하게 먹을 수 있는 즉석요리의 대명사, 라면은 밀가루로 반죽하여 길게 뽑은 면을 구불구불한 형태로 뭉친 후 기름에 튀겨 내고 건조한 제품입니다. 별도의 스프와 함께 제공되는 것이 일반적이지만, 면에 양념이 가미된 상태로 완성되기도 합니다. 일본에서는 인스턴트 라멘ラーメン이라 이르고 있습니다.

본래 라멘이라 함은 고기 육수에 길게 뽑은 면을 넣어 삶아 내고 여기에 고기, 달걀 등 다양한 고명을 추가한 요리입니다. 인스턴트 라멘, 즉 라면은 이를 보다 더 간편하게 조리할 수 있도록 개량된 요리로서 여기에는 튀기는 기술이 활용됩니다.

라면은 일본의 라멘에서 유래한 요리이기는 하지만 그 기원은 훨씬 오래전으로 거슬러 올라갑니다. 중국의 면 요리인 라이미엔, 즉 납면拉麵이 바로 그것입니다. 납면은 글자 그대로 밀가루 반죽을 당겨서 만드는 면 요리의 일종으로, 수타면을 만드는 방식으로 면을 만들고 고기 국물로 맛을 낸 요리라 생각하면 이해하기 쉽습니다.

중국의 납면이 일본에 본격적으로 전래된 것은 19세기 후반, 나가사키를 중심으로 중국인 이민자들이 정착하면서부터입니다. 해산물을 이용해 맑은 국물을 내어 먹는 소바나 우동과는 달리 납면은 소, 돼지, 닭 등 육류를 이용해 우려낸 진한 국물이 특징입니다. 이후 납면은 점차 일본인들의 입맛에 맞게 변형되었는데, 초기에는 남경 소바라고도 불리던 것이 라멘으로 발전하게 된 것이지요. '라멘'이라는 이름도 중국요리인 납면의 일본식 발음에서 유래했습니다. 더 나아가 한국에서 부르는 '라면'은 한자 납拉의 일본식 발음과 한자 면麵의 우리식 발음이 합쳐져 만들어졌습니다.

이후 일본의 라멘은 매우 다채롭게 분화되었고, 그 종류를 구분하는 기준도 다양해졌습니다. 그중에서 육수의 종류로 구분하는 것이 가장 대표적인데 돼지 등뼈를 푹 고아서 만드는 돈코츠豚骨 라멘, 간장이 베이스가 되어 돼지고기, 닭고기, 해산물 육수를 적절하게 배합해 만드는 쇼유醬油 라멘, 일본식 된장인 미소를 사용하여 구수한 맛을 낸 미소味噌 라멘 등이 있습니

일본 최초의 인스턴트 라멘
1958년 일본에서 최초로 출시된 치킨 라멘의 모습. (출처: 위키피디아)

한국 최초의 인스턴트 라면
1963년 우리나라에 최초로 출시된 인스턴트 라면은 닭고기 육수 맛 제품이었다. 사진 속 제품은 뉴트로 열풍에 힘입어 2019년에 재발매된 기획 상품의 모습이다. (출처: 세븐일레븐 홈페이지)

다. 이처럼 다양한 일본의 라멘 문화는 인스턴트 라멘이 탄생하게 된 배경이 되었습니다.

한국 라면의 역사는 1963년에 시작되었습니다. 국내 라면 제조 회사인 삼양식품이 일본의 묘조식품明星食品으로부터 기술 지원을 받아 닭고기 국물 맛의 제품을 생산하기 시작한 것입니다.

처음 출시되었을 당시에는 일반 대중이 밀가루 음식에 익숙하지 않아 큰 관심을 얻지 못했습니다. 그러나 산업화에 따른 급격한 인구 증가와 식량 부족 문제를 해결하기 위해 밀가루 사용을 대대적으로 장려한 정부 정책에 힘입어 점차 그 수요가 증가했습니다. 1960년대와 1970년대에는 쌀 부족 현상이 심각한 사회적 문제였습니다. 그래서 밀가루는 쌀을 대체하는 식재료로 각광을 받았습니다.

이후 라면은 한국인의 입맛에 맞게 얼큰한 풍미를 내는 분말 스프를 개발하는 등 점차 일본의 인스턴트 라멘과 차별되게 발전했습니다. 덕분에 우리나라 국민의 라면 소비량은 세계 최고를 기록하고 있습니다. 2019년 기준, 최대 라면 소비 국가는 중국이지만 1인당 연간 소비량은 75.1개로 단연 우리나라가 1위를 차지했습니다.

세계 최초의 인스턴트 라멘은 1958년, 대만계 일본인인 안도 모모후쿠安藤百福가 개발했습니다. 당시 그는 몇 번의 사업 실패 후 새로운 창업 아이템을 찾고 있었습니다. 그러던 어느 날, 포장마차에서 가마보코(어묵)를 튀기는 장면이 그의 눈길을 사로잡았습니다. 그는 여기서 영감을 얻어, 면을 삶는 기존의 라멘 대신 면을 튀기고 건조하는 새로운 조리법을 개발할 수 있었습니다. 이 기술을 토대로 닛신식품日淸食品을 창립하고, 세계 최초의 인스턴트 라멘인 '치킨 라멘'을 출시했습니다.

제2차 세계 대전 직후였던 당시 일본의 상황은 몹시 어려웠습니다. 부족한 식량의 상당 부분을 미국의 원조에 의존하고 있었는데 그 대부분이 밀가루였습니다. 오랜 세월 쌀을 주식으로 삼았던 일본인에게 밀가루는 매우 생소한 식재료였고, 그래서 시중에는 미처 사용되지 못한 밀가루가 넘쳐났습니다.

안도 모모후쿠는 이렇게 남아도는 밀가루를 활용하여 서민들의 배고픔을 해결할 수 있는 방안을 고민했고 그 노력은 인스턴트 라멘의 탄생으로 이어졌습니다. 그는 이 제품을 통해 누구도 배를 곯지 않는 평화로운 세상을 꿈꾸었습니다. 평소 그의 철학이었던 '식족세평食足世平'을 살펴보면 그의 뜻을 잘 알 수 있습니다. '식족세평'은 '풍족하게 먹으면 세상이 평화로워진다'는 의미를 지니고 있답니다.

라멘은 서민의 배고픔을 해결할 수 있는 소박한 요리로 시작했지만, 이제는 일본을 넘어 세계적인 요리로 자리매김했습니다. 2014년 영국문화원은 '지난 80년 동안 세상을 바꾼 80대 사건' 중 하나로 인터넷의 탄생, 페니실린의 대량 생산, 소련의 붕괴 등과 함께 인스턴트 라멘의 발명을 꼽기도 했습니다.

인스턴트 라멘이 발명될 당시의 우리나라 사정 또한 일본

인스턴트 라멘이 발명될 당시의 우리나라 사정 또한 일본과 크게 다르지 않았습니다. 미국으로부터 무상으로 원조를 받거나 저렴하게 수입할 수 있었던 밀가루는 부족한 쌀을 대신하는 소중한 식량 자원이었습니다. 다만 밀가루가 한국인의 주식이 되기 위해서는 한국인의 입맛에 맞는 새로운 조리법이 필요했습니다. 이때 주목받은 것이 인스턴트 라멘이었습니다. 우리나라에서 첫 생산된 라면의 가격은 10원. 당시 자장면 한 그릇의 가격이 20원이었던 것을 감안하면 상당히 저렴한 편이어서 서민들이 애용하기에 손색이 없었습니다.

보존성과 간편성을 높인 튀김 기술

면 만들기의 시작은 반죽입니다. 주원료인 밀가루와 전분, 기타 첨가제를 섞고 반죽하는데, 컵라면처럼 더 빨리 익혀야 하는 경우에는 전분의 함량을 높이기도 합니다. 완성된 반죽은 압축 롤러에 통과시켜 납작하게 만든 후 이를 다시 제면기에 넣어 얇고 긴 면발로 뽑아냅니다.

그리고 나서 면발들을 구불구불한 형태로 차곡차곡 쌓아 올립니다. 본격적으로 면을 튀기기 전에 우선 100℃ 이상의 뜨거운 증기로 쪄 내는 증숙 공정을 거치게 됩니다. 이러면 라면의 조리 시간을 더 단축시킬 수 있지요. 마지막으로 150℃ 정

79

도의 기름에 담가 약 2분간 튀긴 후 기름과 수분이 증발되도록 식히면 면이 완성됩니다.

이때 면을 기름에 튀기는 이유는 무엇일까요? 바로 보존성을 높이기 위해서입니다. 고온으로 튀길 때 재료에 포함된 수분은 증발되어 최종 수분 함량은 5%까지 떨어집니다. 보통 수분 함량이 10% 이하가 되면 미생물에 의한 부패가 지연되는데, 이렇게 튀겨진 면을 밀봉 포장하여 산소와 빛의 접촉을 차단하면 상당히 오랫동안 안전하게 보관할 수 있습니다.

한편 수분이 기화되어 빠져나가는 과정에서 면의 부피는 약 2배 정도 팽창하고, 표면과 내부에는 수없이 많은 미세한 구멍이 생겨납니다. 앞에서 이야기했던 바로 그 다공질 구조이지요. 다공질 구조는 튀김을 가볍고 바삭하게 만들어 주기도 하지만 무엇보다 신속하게, 그리고 골고루 익을 수 있도록 도와줍니다. 다공질 구조는 일반적인 입체에 비해 물과 접할 수 있는 표면적이 월등히 넓기 때문입니다. 뜨거운 물이 이 구멍들 안으로 침투해 면을 익혀 주는 것입니다. 덕분에 건조 방식으로 제조된 일반 국수를 삶는 데에는 10분 내외의 시간이 필요하지만 라면은 절반 정도의 시간이면 충분합니다.

면을 튀기는 유지로는 식물성 유지인 팜유가 주로 사용되고 있습니다. 팜유는 산화 안정성이 매우 뛰어나 보관이 용이하고 발연점Smoke Point이 약 232℃로 높은 편에 속해 고온으로 튀기는 조리에 적합합니다. 유지의 온도를 점점 올리다 보면 표면에서 약간 푸르스름한 연기가 솟아오르는 것을 볼 수 있는데 이때가 바로 발연점에 도달한 것입니다. 발연점이 낮은 유지로 튀기는 조리를 하면 연기가 발생하고 재료의 맛을 손상시키며 건강에 좋지 않은 물질이 생성될 수 있습니다. 또한 쉽게 불이 날 수도 있지요. 그래서 발연점이 높은 유지가 보다 안전하다고 할 수 있습니다.

하지만 팜유는 한 가지 단점을 가지고 있습니다. 그것은 포화 지방산의 함량이 다소 높다는 것입니다. 일반적인 식물성 유지에는 약 10~20%의 포화 지방산이 들어 있지만 팜유는 그 함량이 50%에 달합니다. 불포화 지방산은 상온에서 액체 상태이지만 포화 지방산은 고체 상태이기 때문에, 체내에 너무 많은 포화 지방산이 축적되면 동맥 경화의 원인이 될 수 있습니다.

자, 다시 라면을 만드는 과정으로 돌아가겠습니다. 일반적으로 라면 한 봉지에 든 면을 모두 이어 붙이면 총 길이는 약 50미터에 이릅니다. 면이 구불구불한 덕분에 그 작은 봉지에 모두 들어갈 수 있는 것이지요. 하지만 라면이 구불구불한 데에는 또 다른 이유가 있습니다. 첫째, 생산 공정의 효율성을 높이기 위해서입니다. 대량 생산을 위해서는 많은 양의 면을 신속하게 튀겨 내야 합니다. 이때 면이 직선 형태보다는 구불구불한 형태여야 가닥들 사이로 뜨거운 기름이 쉽게 침투하여 빠르면서도 골고루 튀겨질 수 있습니다.

두 번째 이유는 포장과 보관의 편리성 때문입니다. 직선 형태의 면을 포장하면 면 가닥들이 한쪽으로만 길게, 즉 1차원적으로 배열될 수밖에 없습니다. 그러면 옆구리 방향에서 가해지는 충격에는 상대적으로 취약할 수밖에 없습니다. 하지만 구불구불한 형태의 3차원 구조일 경우 어느 방향이든 균일한 충격 흡수력을 갖게 됩니다. 따라서 보다 안전하게 포장하고 보관할 수 있습니다. 마지막 이유는 조리의 간편성 때문입니다. 면이 구불구불하면 가닥들 사이로 뜨거운 물이 쉬이 드나들 수 있어 보다 신속하게 조리가 가능해지지요. 이것은 면을 기름에 튀길 때 용이한 것과 같은 원리입니다.

꼬불꼬불한 면발
인스턴트 라면의 면이 꼬불꼬불하면 조리할 때 더 빨리 골고루 익고, 작은 포장지 안에 더 많은 양이 들어갈 수 있다. 게다가 꼬불꼬불한 면을 후루룩 빨아들이면 입안으로 국물이 함께 딸려 들어와 더 맛있게 즐길 수 있다.

과연 라면 스프는 건강에 해로울까

라면에서 면만큼 중요한 역할을 담당하는 요소가 있습니다. 라면의 화룡점정, 바로 스프입니다. 초창기 라면의 경우에는 면을 반죽할 때 양념을 가미하여 제조하였습니다. 그러나 지금은 면과 스프를 따로 포장하는 것이 일반적입니다. 그 이유는 여러 재료를 혼합해 만든 스프의 보존성을 높이기 위해서입니다. 면과 스프가 일체되었을 때보다 따로 건조하고 포장하는 편이 더 오래 보존할 수 있거든요.

분말 스프를 만드는 데에는 수십 종의 재료를 사용하고 여러 단계의 공정을 거치게 됩니다. 먼저 소고기나 돼지고기 등 주원료를 고압 처리한 후 농축, 건조, 분쇄하여 스프의 베이스를 만듭니다. 그리고 나서 여기에 고추, 마늘, 합성 조미료 등 각종 양념류를 혼합해 포장하면 분말 스프가 완성되는 것입니다.

때로 색다른 풍미를 가미하기 위해 고추씨기름, 야채조미유 등 액상 스프를 추가하거나 풍부한 식감을 강조하기 위해 각종 야채, 해산물 등을 적당한 크기로 잘라 동결 건조한 건더기 스프를 추가하기도 합니다.

라면 스프가 만들어 내는 가장 핵심적인 맛은 우리가 흔히 감칠맛이라 부르는 것입니다. 감칠맛은 단맛, 신맛, 쓴맛, 짠맛과 함께 5가지 기본 맛에 포함되는데, 1908년 일본 도쿄대학교의 이케다 키구나에池田菊苗 교수가 가쓰오부시(가다랑어포) 국물

에서 감칠맛 성분을 추출해 냈습니다. 그는 이 맛에 우마미うま味라는 이름을 붙였습니다.

라면의 감칠맛은 주로 글루탐산이라는 아미노산Amino Acid에 나트륨을 반응시켜 만든 합성 조미료 MSGMonosodium Glutamate가 담당해 왔습니다. 적은 양으로도 풍부한 감칠맛을 낼 수 있기 때문입니다. 하지만 최근 인공 조미료에 대한 소비자의 거부감이 커지면서 다시마, 멸치, 표고버섯 등 천연 재료를 사용하는 비율이 높아지고 있습니다. 일부 사람들은 감칠맛을 제대로 살리면 소금을 많이 사용하지 않아도 되기 때문에, 적당한 양의 MSG 사용은 오히려 건강에 도움이 된다고 주장

감칠맛 성분 재료들
라면의 가장 큰 매력 중 하나인 감칠맛. 이 감칠맛 성분을 많이 함유한 재료로 멸치, 가다랑어포, 다시마, 토마토 등이 있는데 이것들을 우리면 훌륭한 육수가 된다.

하기도 합니다.

라면 한 봉지의 열량은 대략 520kcal입니다. 이는 성인 기준 한 끼 식사에 필요한 열량인 약 800kcal에 못 미치는 수준이지요. 중량 125g짜리 제품의 경우 탄수화물 82g, 지방 17g, 단백질 11g이 들어 있습니다. 하루 권장 섭취량의 20%를 차지하네요.

문제는 라면에 함유된 포화 지방산과 나트륨입니다. 라면에 함유된 포화 지방산 비율은 무려 50%이고, 나트륨의 경우 일일 권장 섭취량 대비 거의 90%에 달합니다. 그러므로 라면을 너무 자주 먹으면 이들을 과다하게 섭취하게 되니 주의해야 합니다. 최근에는 건강한 식습관을 강조하는 웰빙 트렌드에 맞추어 나트륨 함량을 줄이거나, 튀기지 않고 건조하여 제조한 면을 사용하는 등 건강 친화적인 제품들이 속속 개발되고 있습니다.

신대륙에서 닭튀김의 신세계가 열리다 : 프라이드치킨

아프리카 노예들의 한과 혼을 요리하다

프라이드치킨은 닭고기를 여러 부위별로 나눈 후 각각의 조각에 튀김옷을 입히고 고온의 유지에 담가 튀겨 낸 요리입니다. 흔히 치킨이라고 간단히 부르기도 하는데, 여기에는 프라이드치킨 외에 매콤한 양념을 발라 먹는 양념치킨, 내장을 제거하고 통째로 튀겨 낸 통닭 등 다양한 닭튀김 요리를 포괄하고 있습니다.

프라이드치킨은 언제 탄생했을까요? 아쉽게도 그 정확한 기원을 찾기는 어렵습니다. 다만 튀김 요리가 보편화되기 시작한 중세 유럽에서 프라이드치킨과 비슷한 요리가 있지 않았을까 추정될 뿐입니다. 앞서 언급한 1세기경의 요리책《요리에 대하여》에도 비록 튀기는 방식은 아니지만 프라이드치킨과 비슷한 요리가 등장한다는 점에서 프라이드치킨의 역사는 생각보다 오래되었을지 모릅니다. 하지만 이 요리가 널리 퍼지기 시작한 시기와 장소는 분명합니다. 바로 19세기 미국에서부터였지요. 그 배경에는 인간의 탐욕과 망향의 슬픔으로 가득한 역사가 숨어 있습니다.

유럽의 튀김 요리가 전 세계로 확산된 것은 15세기, 대항해 시대가 열리고 무역의 중심이 지중해에서 대서양으로 옮겨 가면서부터입니다. 전 세계 바다를 주름잡던 스페인과 포르투갈의 무역상들은 세계 곳곳으로 자신들의 문화를 전파했는데 튀김 요리도 이때 퍼지게 되었지요. 대항해 시대에는 유럽 열강들 간의 식민지 쟁탈전과 무역 전쟁이 활발했습니다. 그 가운데 아메리카 대륙은 유럽의 생산 기지이자 상품 소비지로 전락하게 되었지요. 가장 대표적인 무역 형태는 유럽, 아프리카, 아메리카, 세 대륙의 상품들을 서로 교환하여 이익을 취하는 삼각 무역이었습니다.

그 과정은 이랬습니다. 우선 유럽의 무역상들은 각종 공산품을 싣고 아프리카 대륙으로 향합니다. 그들은 생활필수품과 술, 화약, 무기 등을 흑인 노예들과 맞바꾸었습니다. 그리고 이 노예들을 배에 싣고 다시 카리브해의 서인도 제도로 향했습니다. 당시 이곳에는 사탕수수, 커피 등을 대규모로 재배하는 플랜트 농장들이 조성되어 있었기 때문에 항상 많은 일손이 필요했습니다. 그렇게 아프리카의 흑인 노예들은 아메리카 대륙에서 생산된 작물들과 교환되어 그곳에 남게 되었습니다. 유럽의 무역상들은 이 상품을 유럽으로 가지고 와서 비싸게 팔아 큰 이익을 챙겼지요. 그렇게 흑인 노예들은 아무것도 모른 채 붙잡혀 와 자유를 박탈당하고 죽도록 일만 하는 운명에 처하고 말았습니다. 하지만 타지에서도 삶은 계속되어 아프리카 흑인들은 점차 아메리카 내륙 곳곳으로 확산되었습니다.

이때 유럽인들이 신대륙에 들여온 것은 흑인 노예만이 아닙니다. 16세기 이전에는 아메리카 대륙에 닭이 살지 않았습니

팔려 가는 아프리카 흑인들
대항해 시대에 횡행했던 노예 무역의 경우, 아프리카 현지의 강력한 부족이나 국가가 주변의 약한 부족을 공격해 포로를 잡은 후 그 포로들을 유럽 상인에게 노예로 팔아 치우는 경우가 많았다.

다. 그러던 것이 스페인 탐험가들에 의해 들어와 번성하게 되었
지요. 스페인 탐험가들은 닭을 비상식량 용도로 항상 자신들의
배에 싣고 다녔기 때문입니다.

이렇게 아메리카 대륙에 정착한 흑인 노예들은 미국 남부
지방의 대규모 면화 농장의 주된 노동력이 되었습니다. 1807년
영국 정부는 노예 무역을 전면 금지시켰지만, 미국 남부에서는
1865년 남북 전쟁이 끝날 때까지 노예 제도가 지속되었습니다.

우리가 알고 있는 프라이드치킨을 만든 장본인들은 바로
이 아메리카에 끌려온 흑인 노예들입니다. 당시 미국에는 유럽
과 마찬가지로 다양한 형태의 튀김 요리가 존재했습니다. 미국
인 대다수가 유럽에서 이주해 온 이민자들이었고, 유럽은 중세
부터 튀김 요리가 발달해 있었으니까요. 한편 미국 남부의 흑
인들 또한 오래전 지중해를 거쳐 아프리카로 전래된 튀김 조리
법에 대해 잘 알고 있었습니다. 그리고 그 흑인들이 백인 이민
자들의 주방에서 일하게 되면서 유럽과 아프리카의 튀김 요리
가 서로 융합되었습니다. 예를 들어 튀김옷에 각종 향신료를
첨가하는 방식은 아프리카의 전통적인 조리법에서 유래한 것입
니다.

초창기 프라이드치킨은 노예들을 위한 요리였습니다. 백인
농장주들은 먹기 편한 가슴살과 다리 부위를 선호했는데 주로
오븐에 구워서 조리했습니다. 그 외의 날개나 목처럼 뼈가 많
은 부위들은 자연스레 흑인 노예들의 몫이 되었습니다. 흑인들

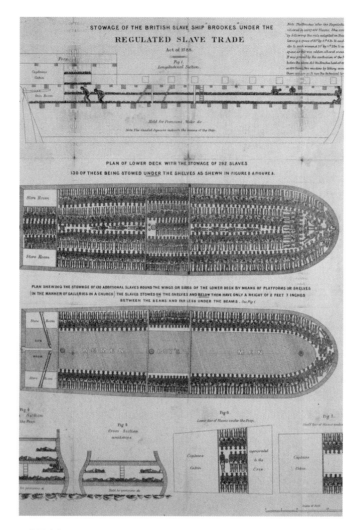

노예 무역선

18세기 영국의 한 노예 무역선의 구조. 총 454명의 흑인이 마치 화물처럼 빼곡하게 쌓여 있다. 이들은 서로 족쇄가 채워지고 여러 층으로 나누어진 배 바닥에 다닥다닥 붙어 누운 채 운반되었다. 제대로 움직이지 못할 정도로 좁은 공간에서 3개월 이상의 긴 항해를 버텨야 했는데, 평균 사망률은 50%에 육박했다고 한다. (출처: 위키피디아)

은 이 부위들을 조각낸 뒤 튀김옷을 입혀 바삭하게 튀겨 내었습니다. 그런데 흑인 노예들은 왜 닭을 굽는 대신 튀겼던 것일까요?

우선 매우 바삭하게 튀긴 닭요리는 뼈까지 씹어 먹을 수 있기 때문에 음식의 낭비를 최소화할 수 있었습니다. 그리고 닭고기는 튀기는 과정에서 한층 더 고열량의 음식으로 변모하였지요. 덕분에 힘든 노동을 견딜 수 있게 해 주는 우수한 영양식으로 사랑받게 되었습니다. 프라이드치킨 한 마리의 열량은 1000kcal로 성인 하루 권장 섭취 열량인 2200kcal의 절반 정도에 해당할 정도입니다. 또한 튀김 요리는 미국 남부 지방의 더운 날씨 속에서도 비교적 오랫동안 보관이 가능하다는 장점이 있었습니다.

이렇게 탄생한 미국 남부의 프라이드치킨은 점차 미국 전역으로 확산되었고 오래되지 않아 백인들까지 즐겨 먹게 되었습니다. 20세기 들어서 미국의 영향력이 전 세계로 확대되는 것과 함께 프라이드치킨도 세계적인 요리로 자리매김하게 됩니다. 이처럼 프라이드치킨이라는 요리에는 노예 무역의 참담한 실상, 고향을 떠나 낯선 대륙에 정착할 수밖에 없었던 아프리카 흑인들의 설움이 담겨 있는 것입니다.

양념과 향신료로 치장한 닭고기들

프라이드치킨을 만들기 위해서는 먼저 신선한 닭고기를 여러 조각으로 나눈 후 소금, 후추, 기타 향신료로 밑간을 합니다. 이 향신료들은 튀기고 난 후에도 남을 수 있는 닭고기의 잡내를 잡아 준답니다. 그리고 나서 밀가루와 향신료를 섞어 만든 튀김가루를 묻히거나 혹은 튀김가루에 물과 달걀을 섞어 반죽으로 만들어 튀김옷처럼 입힙니다. 과거에는 돼지비계로 만든 돈지로 치킨을 튀겼지만 지금은 보다 건강에 좋은 식물성 유지가 주로 사용됩니다.

이 전통적인 조리법은 다양하게 변형되어 왔습니다. 밑간이나 튀김옷에 사용되는 양념 재료에 비율을 달리하기도 하고, 기본 재료인 닭고기를 색다른 방식으로 손질하는 것처럼 말입니다. 이렇게 변형된 요리들 중 하나가 바로 일본의 치킨 가라아게입니다. 가라아게는 닭고기나 생선 같은 식재료에 밑간을 하고 밀가루나 녹말가루를 묻혀 튀겨 내는 요리를 지칭합니다. 당연히 치킨 가라아게는 닭고기를 주재료로 하지요. 한 입에 먹기 좋은 크기로 다듬은 닭고기를 사용한다는 점에서 우리나라의 닭강정과 유사하지만 간장, 술, 생강즙 등으로 만든 양념에 닭고기를 재워 둠으로써 양념이 밴 고기를 사용한다는 점에서 차이가 있습니다. 덴푸라는 밀가루, 달걀, 물을 섞어 만든 반죽 튀김옷을 입히지만 치킨 가라아게는 밀가루나 녹말가루를 직접 입혀서 튀겨 냅니다. 또한 치킨 가라아게는 고기에 양념이 배어 있어 식은 후에도 쉽게 비린 맛이 나지 않아 도시락 메뉴로도 인기가 많습니다.

프라이드치킨의 본고장 미국에서도 다양한 메뉴가 개발되었습니다. 날개 부위를 튀겨서 별도 소스에 찍어 먹는 버팔로윙, 안심과 가슴살 부분을 길게 잘라 내어 튀긴 치킨텐더, 뼈를 발라낸 닭고기를 곱게 갈아 일정한 모양으로 만들고 튀김옷을 입힌 치킨너겟 등이 있습니다.

치킨으로 전 세계를 점령한 대령

KFC의 창업자 커널 샌더스Colonel Sanders는 프라이드치킨을 산업화, 그리고 세계화시킨 인물입니다. 샌더스는 어려운 가정 형편 때문에 어려서부터 여러 직업을 전전했다고 합니다. 그러다가 켄터키주의 코빈이라는 작은 마을에서 주유소를 운영하게 되었습니다. 그 주유소에는 작은 식당이 하나 딸려 있었지요. 그는 그곳에서 자신이 직접 만든 요리를 판매했는데 그중에서 여러 양념으로 맛을 낸 남부식 프라이드치킨의 인기가 가장 높았습니다.

그는 11가지 허브로 만든 자신만의 비밀 양념을 가지고 1952년부터 본격적인 프랜차이즈 사업을 시작했습니다. 이후 프랜차이즈 사업권을 매각하게 되었을 때 샌더스는 매각 조건에 자신이 트레이드마크로 활동한다는 내용을 추가했습니다. KFC 매장 앞에 놓인 푸근한 인상의 할아버지 모형은 그렇게 탄생한 것입니다. 참고로 커널Colonel, 즉 '대령'이라는 호칭은 켄터키 요리를 널리 알린 그의 공로를 인정해 켄터키 주지사가 주었다고 합니다.

KFC의 마스코트
KFC의 창립자이자 마스코트, 커널 샌더스는 기업 홍보를 위해 왕성하게 활동하다가 1980년 급성 백혈병으로 세상을 떠났다. 그의 본명은 할랜드 데이비드 샌더스Harland David Sanders다. (출처: KFC 홈페이지)

과연 KFC의 세계적인 성공 비결은 무엇일까요? 여기에는 샌더스가 개발한 비밀 레시피도 한몫했지만 무엇보다 그가 발명한 압력 튀김기가 가장 중요한 역할을 담당했습니다. 어느 날 샌더스는 우연히 가압 상태에서 채소를 조리하는 장면을 지켜보게 되었는데, 조리 시간이 매우 짧을 뿐 아니라 이렇게 조리된 채소의 식감이 매우 부드럽다는 사실에 깊은 감명을 받았습니다. 바로 여기서 영감을 얻은 그는 아이디어를 발전시켜 나갔고 결국 1966년 '가압 상태에서의 프라이드치킨 생산 공정'으로 특허를 얻을 수 있었습니다.

그럼 샌더스가 발명한 압력 튀김기의 원리를 잠시 들여다볼까요? 높은 압력에서는 액체의 끓는점이 높아집니다. 액체가 끓는 현상은 증발하는 힘인 증기압과 공기가 누르는 힘인 대기압이 같아질 때 발생합니다. 예를 들어 물은 1기압에서 100℃까지 가열하면 증기압이 대기압과 같아지면서 끓기 시작합니다. 만약 기압이 더 높은 상황이라면 물이 끓기 위해 더 많은 열에너지가 필요하게 되는 것이지요. 다시 말해 끓는 물의 온도가 100℃ 이상 올라가는 것입니다.

식재료 안에는 많은 수분이 포함되어 있습니다. 이 수분이 끓어오르면 식재료가 익게 되는 것이지요. 만약 수분의 끓는점이 높아지면 식재료에 더 많은 열에너지가 전달될 수 있습니다. 이처럼 높은 열로 조리된 식재료의 식감은 연화 작용에 의해 더 부드러워집니다. 연화 작용을 거친 식재료는 소화 흡수가 더 잘되기 때문에 우리 몸은 이런 음식을 맛있다고 느끼게 됩니다. 압력 밥솥으로 지은 밥맛이 좋은 이유도 바로 이 때문입니다.

초기의 프라이드치킨은 지금의 치킨과 비교할 때 상대적으로 질긴 식감을 가지고 있었습니다. 그런데 가압 상태에서 튀기는 조리법이 개발되면서 부드러운 식감의 요리로 탈바꿈하게 되었습니다. 단지 식감만 좋아진 게 아닙니다. 더 높은 온도에서 조리가 가능해짐에 따라 조리 시간도 단축될 수 있었습니다. 덕분에 프라이드치킨의 생산 효율성은 훨씬 높아졌고 더 빨리, 더 많이 소비될 수 있었습니다.

이름만 프랑스인 국적 불명의 감자 요리 : 프렌치프라이

프렌치프라이는 정말 프랑스 요리일까?

프라이드치킨과 더불어 미국을 대표하는 또 하나의 튀김 요리는 바로 프렌치프라이입니다. 하지만 프렌치프라이의 기원에 대해서는 여러 설이 존재합니다. 그중 대표적인 것이 프랑스 기원설입니다. 이 주장에 의하면 미국에 프렌치프라이가 들어온 것은 1802년 미국의 제3대 대통령 토머스 제퍼슨에 의해서라고 합니다. 프랑스 대사를 역임한 바 있는 제퍼슨은 열렬한 프랑스 요리 애호가였다고 하네요.

반면 프랑스 기원설을 반대하는 주장들도 있습니다. 그중 하나는 프렌치프라이가 프랑스 요리가 아닌, 벨기에의 튀김 요리에서 기원했다는 것입니다. 미국에 정착한 벨기에 이민자들이 자주 해 먹던 감자튀김 요리를 프렌치프라이라고 부르게 되었다는 것입니다. 벨기에 이민자들이 주로 프랑스어를 사용하다 보니 이들의 요리가 프랑스 요리로 오해를 받았다는 것이지요.

프렌치프라이의 프랑스 기원설에 반기를 든 벨기에의 역사학자 조 제라드Jo Gerard에 따르면, 벨기에에서는 이미 17세기부터 프렌치프라이와 유사한 감자튀김 요리가 존재했다고 합니다. 당시 벨기에의 뫼즈 강 유역에는 강에서 잡은 작은 물고기를 튀겨 먹는 전통이 있었습니다. 그런데 겨울에 강이 얼어 낚시를 할 수 없게 되면 물고기를 대신해 길게 썬 감자를 튀겨 먹었지요. 이것이 바로 프렌치프라이의 기원이 되었다고 합니다.

하지만 여전히 많은 사람이 프렌치프라이의 정확한 기원을 찾기 어려울 것이라고 주장합니다. 왜냐하면 '프렌치'란 말은 프랑스를 의미하는 것 외에 '잘게 썰다'라는 의미도 지니고 있고, 유럽에서는 오래전부터 다양한 감자튀김 요리가 존재했기 때문입니다. 어느 지역이나 시대를 특정하기에는 그 명칭이 너무 다양한 의미를 가지고 있는 것입니다.

기원은 명확하지 않지만 이 요리의 인기가 국경을 초월했다는 점은 분명합니다. 각 지역마다, 나라마다 다양한 종류의 감자튀김 요리가 존재하게 된 것은 어찌 보면 당연하다고 할 수 있습니다.

프렌치프라이, 프리츠Frites, 칩스Chips, 프라이스Fries, 핑거칩스Finger Chips, 프렌치프라이드 포테이토French Fried Potatoes 등 이

프리츠
벨기에의 전통적인 감자튀김 요리로 케첩이나 마요네즈와 함께 먹는다.

름만큼이나 다양하게 변신한 감자튀김 요리는 이제 어느 한 나라만의 것이라고 할 수 없을 정도로 세계화에 성공했습니다. 예를 들어 가늘고 긴 막대 모양의 감자튀김을 두고 미국에서는 프라이스라고 부릅니다. 영국에서는 신발 끈을 닮았다고 하여 슈스트링Shoestring이라고 부릅니다. 프리츠 또는 폼 프리츠 Pommes Frites는 주로 벨기에에서 즐겨 먹는 감자튀김입니다. 이때 '폼'은 사과라는 뜻인데, 예로부터 감자가 '땅속의 사과'라고 불렸기 때문입니다.

프리츠 또한 프렌치프라이와 비슷한 외양을 하고 있습니다. 다만 케첩과 함께 마요네즈도 제공된다는 점이 색다르지요. 다른 나라에서는 감자튀김을 서브메뉴로 취급하는 반면,

벨기에의 프리츠는 그 자체로 훌륭한 메인 메뉴로 인정받고 있습니다.

덴마크나 노르웨이와 같은 스칸디나비아반도의 나라에서도 프리츠와 유사한 요리를 즐겨 먹습니다. 빵가루를 입혀 튀겨 낸 생선 요리에 레물라드Remoulade 소스를 함께 제공하는 요리인데 어찌 보면 일종의 피시앤칩스라고 할 수 있겠습니다.

프랑스에서도 폼 프리츠 또는 프리츠란 명칭을 사용하고 있습니다. 그리고 미국식 프렌치프라이보다 더 얇은 형태로 조리된 것은 '장식 끈'을 의미하는 프랑스어 애귀에트Aiguillette라고

파타타스 브라바스
파타타스 브라바스는 스페인을 대표하는 감자튀김 요리다. 생선튀김과 감자튀김이 함께 제공되는 파타타스 프리타스에 매콤한 칠리소스를 얹으면 훌륭한 파타타스 브라바스가 완성된다.

부르기도 합니다.

스페인을 대표하는 감자튀김 요리에는 파타타스 프리타스 Patatas Fritas가 있습니다. 다양한 형태로 잘라 낸 감자를 올리브 유에 튀겨 만드는 요리로, 여기에 매콤한 칠리소스나 토마토소 스를 얹으면 파타타스 브라바스Patatas Bravas라는 요리가 됩니다. '파타타스 프리타스'라는 이름은 우리나라에 감자칩 브랜드로 더 잘 알려져 있습니다. 동명의 감자칩이 봉준호 감독의 영화 〈기생충〉에 출연했기(?) 때문입니다. 덕분에 이 브랜드의 감자 칩 판매량이 전 세계적으로 급상승했다는 후일담이 있습니다.

보닐라 감자칩
아카데미 4관왕에 빛나는 영화 〈기생충〉에 등장했던 보닐라 감자칩. 〈기생충〉이 전 세계적 으로 크게 흥행한 덕분에 이 감자칩의 스페인 내 온라인 판매량은 개봉 이후 150% 급증 했다. 하지만 이 영화에 등장하게 된 것은 PPL이 아닌, 순전히 우연이었다고 한다. (출처: 보닐라 홈페이지)

영국에서는 다소 두꺼운 감자튀김인 칩스를 즐겨 먹습니다. 보통은 생선튀김 요리에 곁들이고는 하는데 바로 이것이 영국의 대표 요리 '피시앤칩스'입니다. 칩스는 두께가 상당하기 때문에 안쪽까지 골고루 익을 수 있도록 두 번 튀깁니다. 우선 전체적으로 익도록 비교적 낮은 170℃에서 튀겨 낸 후 더 높은 온도에서 겉 표면이 바삭해지도록 튀기는 것입니다.

냉동 유통 기술의 혁신

프렌치프라이 만들기는 먼저 적당한 크기로 감자를 썰어 내는 것부터 시작합니다. 주로 폭 0.6센티미터 내외의 길쭉한 막대 모양이 많이 사용되지만, 사실 길이와 두께는 각양각색입니다. 여덟 등분한 통감자를 이용해 만드는 웨지Wedge 감자튀김도 있으니까요.

이렇게 잘라 놓은 감자는 찬물에 10분 이상 담가 전분을 제거합니다. 전분이 너무 많으면 바삭한 식감을 얻기 어렵기 때문입니다. 전분은 탄수화물의 일종인데, 튀김용으로 주로 사용되는 품종인 분질 감자Starchy Potato의 경우 전분이 전체 무게의 약 20%를 차지할 정도로 감자에는 많은 전분이 포함되어 있습니다.

감자는 별도의 튀김옷 없이 튀겨 내는 것이 일반적입니다.

식재료가 가열되면 수분이 배출되면서 다공질 구조가 형성되는데 이때 감자 표면의 전분이 호화 반응을 일으켜 일종의 보호막이 생성되기 때문입니다. 물에 잘 녹지 않는 전분 입자에 뜨거운 물이 침투하면 점성이 있는 용액 상태, 즉 끈적끈적한 상태로 변하는 것이지요. 이를 호화 반응이라고 합니다. 밀가루나 쌀을 오래 끓이면 죽처럼 되는 것도 이 때문입니다.

감자 표면에 있던 전분이 호화 반응을 거친 후 식으면, 쌈 요리에 사용되는 라이스페이퍼처럼 얇은 피막이 형성됩니다. 이 얇은 전분 피막은 튀김옷과 비슷한 역할을 수행합니다. 다음 장에서 더 자세히 다루겠지만, 튀김옷은 안에서 수분이 유출되는 것과 기름이 안으로 침투하는 것을 방지하는 보호막 역할을 수행함으로써 겉은 바삭하고 속은 부드러운 식감을 만들어 냅니다.

그런데 튀김옷이 너무 두꺼우면 내부의 수분이 충분하게 배출되지 못하여 바삭함이 반감됩니다. 마찬가지로 전분의 피막이 너무 많이 형성되면 바삭한 식감이 줄어들 수 있습니다. 그래서 감자의 전분을 어느 정도 제거해야 하는 것입니다. 속은 부드러우면서 겉은 바삭한 식감을 더욱 강조하고 싶다면, 감자를 본격적으로 튀기기 전에 살짝 물에 데치면 좋습니다. 이렇게 감자를 익힌 후 표면의 수분을 말리고 나서 튀기는 것이지요.

감자튀김의 기원은 유럽이지만 이를 전 세계로 확산시킨

것은 미국입니다. 특히 맥도날드, KFC, 웬디스 등 미국식 패스트푸드 산업이 급성장하면서 이를 주도했습니다. 맥도날드만 해도 전 세계 120여 국가에 약 3만 개의 매장이 있고 여기서 연간 약 140만 톤의 감자를 소비하니까요.

프렌치프라이가 패스트푸드의 중요한 메뉴 중 하나로 자리를 잡을 수 있었던 배경에는 1960년대에 개발된 냉동 유통 기술이 있습니다. 굳이 직접 손질할 필요 없이 이미 가공된 감자가 신속하게 공급된 덕분에 대량으로 감자튀김을 생산하는 것이 가능해졌습니다.

냉동 유통 기술의 장점은 생산 효율성 증대뿐 아니라 갈변 Browning 현상을 방지하는 데 있습니다. 갈변 현상이란 식품을 저장 또는 가공하는 과정에서 그 표면이 갈색으로 변하는 것을 말합니다. 대표적인 예가 사과의 갈변입니다. 사과는 껍질을 깎아 놓으면 금세 갈색으로 변하고 마는데 이것은 철이 녹스는 것과 같은 일종의 산화 반응입니다.

감자도 사과와 마찬가지로 껍질이 벗겨지면 급격하게 갈변 현상이 일어납니다. 감자에는 아미노산의 일종인 티로신 Tyrosine과 산화 효소인 티로시나아제Tyrosinase가 함께 들어 있기 때문입니다. 이 두 물질에 의해 산화 반응이 일어나면 멜라닌 색소가 형성되어 갈색으로 변하게 됩니다. 하지만 감자를 급속 냉동시키면 티로시나아제의 활성이 억제되면서 갈변 현상이 방지되지요.

104

갈변 현상을 방지하기 위해 급속 냉동이라는 거창한 방법 보다 쉽게, 일반 가정에서도 손쉽게 실행할 수 있는 방법이 있습니다. 그것은 껍질을 깐 감자를 찬물에 담가 두는 것입니다. 산화 효소인 티로시나아제는 물에도 잘 녹기 때문입니다. 그래서 감자를 물에 담가 두면 전분도 제거하고 산화 반응의 원인인 티로시나아제도 제거할 수 있습니다.

프렌치프라이를 건강하게 즐기는 방법

패스트푸드 매장에서 판매하는 프렌치프라이의 무게는 대략 120g입니다. 그 가운데 탄수화물은 약 50g을 차지하고 있으며 지방은 약 20g, 단백질은 5g 정도입니다. 이들을 열량으로 환산하면 대략 400kcal인데 밥 한 공기의 열량이 260kcal이니 프렌치프라이의 열량은 상당한 편입니다.

더욱 문제가 되는 것은 나트륨입니다. 한 봉지의 프렌치프라이에는 약 300mg의 나트륨이 들어 있습니다. 게다가 햄버거, 음료와 함께 세트로 즐기게 되면 섭취하는 총 나트륨 함량은 하루 권장 섭취량인 2000mg에 육박하게 됩니다. 과도한 열량과 나트륨 섭취는 비만, 고혈압 등 생활 습관병의 주범이기 때문에 너무 많이, 너무 자주 프렌치프라이를 먹는 것은 주의를 기울여야 합니다.

프렌치프라이를 두고 제기되는 문제는 또 있습니다. 바로 기름에 관한 것입니다. 과거에는 고소한 풍미를 강조하기 위해 주로 우지, 즉 소기름을 사용했습니다. 그런데 우지에는 포화 지방산이 많이 함유되어 있지요. 포화 지방산은 혈관 노화의 원인으로 알려져 있습니다. 그래서 동물성 유지를 사용해 튀기는 프렌치프라이의 유해성은 항상 논란이 되었습니다. 하지만 지금은 프렌치프라이를 취급하는 대부분의 매장이 식물성 유지를 사용합니다. 그러므로 기름의 유해성을 두고 크게 걱정할 필요가 없게 되었습니다.

오히려 기름보다 주의해야 할 것은 프렌치프라이를 조리하는 과정에서 발생하는 아크릴아미드Acrylamide라는 물질입니다. 아크릴아미드는 우리 몸의 신경계에 영향을 미치고 유전자 변형을 일으키는 유해성을 가지고 있습니다. 100℃보다 높은 고온에서 음식을 조리할 경우에 주로 발생하며 아미노산과 당류의 반응이 원인이지요. 그런데 감자에는 아미노산과 당류가 모두 포함되어 있을 뿐 아니라 프렌치프라이는 매우 높은 온도에서 조리되기 때문에 아크릴아미드의 생성을 피할 수 없습니다. 하지만 최신 연구 결과에 따르면 기준치 이하로 섭취하면 건강에는 큰 영향을 미치지 않는다고 합니다.

최근 아크릴아미드의 생성을 줄이는 조리법이 속속 개발되고 있습니다. 예를 들어 터키의 메르신대학교 연구 팀은 전자레인지를 이용해 감자를 익힌 후 튀기면 조리 시간을 단축할 뿐 아니라 아크릴아미드 생성을 60%까지 낮출 수 있다고 합니다. 고온에서 장시간 조리하면 아크릴아미드가 생성되므로 조리 시간을 단축함으로써 생성을 최소화하는 것입니다.

과유불급, 아무리 맛도 좋고 영양도 풍부한 요리라 할지라도 과하게 먹으면 탈이 날 수밖에 없습니다. 프렌치프라이뿐 아니라 모든 요리를 보다 건강하게 즐기고 싶다면 과식하지 않도록 조심하는 자세가 필요하겠습니다.

영국인의 영원한 '생선과 감자' 친구 : 피시앤칩스

15세기 알람브라에서 건너온 유대 요리

피시앤칩스는 이름 그대로 생선튀김과 감자튀김으로 이루어진, 영국의 대표 요리입니다. 미국과 한국에서 이르는 칩스는 감자를 단면 방향으로 얇게 썰어 내어 튀긴 것이지만, 영국에서는 우리가 알고 있는 프렌치프라이와 같은 형태를 칩스라고 부릅니다. 다만 영국의 칩스는 프렌치프라이에 비해 감자 속살의 부드러움이 더 강조되지요.

생선튀김에 주로 사용되는 생선은 대구나 대구과의 일종인 해덕Haddock입니다. 하지만 실제로는 각 지역별로 생태, 가자미, 홍어, 가오리, 넙치 등 다양한 흰살 생선이 사용되고 있습니다. 해당 지역에서 어떤 생선이 많이 잡히느냐에 따라 주재료가 달라지지요.

'영국 요리는 피시앤칩스밖에 없다'라는 말이 있을 정도로 피시앤칩스는 영국을 대표하는 메뉴입니다. 하지만 그 기원을 살펴보면 반드시 영국만의 독창적인 요리는 아니라는 것을 알 수 있습니다. 피시앤칩스는 여러 국가와 민족이 교차하는 경계선에서 만들어진 복합적 창조물이기 때문입니다. 기원은 이슬람 세력이 이베리아반도를 점령하고 있던 8세기로 거슬러 올라갑니다.

611년, 무함마드에 의해 창시된 이슬람교는 점차 세력을 확장하여 동쪽으로 페르시아, 북쪽으로 시리아, 서쪽으로 북아프리카에 이르기까지 광활한 영토를 지배하게 되었습니다. 그리고 마침내 711년, 오늘날의 포르투갈과 스페인에 해당하는 이베리아반도까지 점령하게 되었습니다. 때문에 유럽은 그야말로 풍전등화의 위기에 놓이게 됩니다.

스페인 왕실은 이슬람 세력에 맞서 싸우기 위해 내부의 모든 역량을 결집해야 했습니다. 그래서 스페인은 가톨릭 국가임에도 불구하고 유대인을 비롯한 다른 이교도들에 대해 포용 정책을 펼치게 됩니다. 당시 스페인에서 유대인의 영향력은 엄청났습니다. 주요 도시에 살고 있는 3명 중 1명이 유대인이었을 정도로 인구 비중이 높았을 뿐 아니라 은행가, 의사, 상인 등 전문 직종에 종사하며 막강한 경제적 영향력을 행사했습니다.

이렇게 결집된 힘을 바탕으로 스페인은 오랜 세월 동안 대적한 끝에 1492년 마침내 이베리아반도에서 이슬람 세력을 완전히 몰아내는 데 성공합니다. 하지만 스페인은 목적을 달성하자 알람브라 칙령을 발표하며 기존의 관용 정책을 폐기해 버렸습니다. 이 칙령으로 인해 유대인을 포함한 모든 이교도는 가톨릭교로의 개종 또는 추방, 둘 중 하나를 선택해야 했습니다. 스페인은 외부의 적이 없어지자 내부의 분열을 방지하는 한편, 유대인의 막대한 부를 탈취하고자 했던 것입니다.

결국 수많은 유대인이 종교적 박해를 피해 해외 망명을 선택했습니다. 스페인 왕실이 금, 은, 화폐 등 재산 반출을 금했기 때문에 사실상 빈털터리로 떠날 수밖에 없었습니다. 그런데 이런 유대인들을 적극적으로 수용한 나라가 있었으니 바로 영국이었습니다. 영국은 경제적 발전을 도모하기 위해 유대인들을 받아들인 것입니다.

이때 유대인이 즐겨 먹었던 스페인의 전통 튀김 요리인 페스카도 프리토Pescado Frito가 영국에 널리 퍼지게 되었습니다. 이 요리는 생선에 밀가루나 달걀을 입혀 튀겨 낸 후 식초를 뿌리고 차갑게 식혀 먹는 것으로, 피시앤칩스의 기원이 되었습니다.

그런데 피시앤칩스가 이보다 훨씬 오래전에 시작되었다고 주장하는 사람들도 있습니다. 《음식의 언어》의 저자인 댄 주래프스키도 그중 한 명입니다. 이들의 주장에 의하면 페스카도 프리토는 본래 페르시아로부터 전래된 요리가 변형된 것이라고 합니다.

과거 페르시아의 인기 메뉴 중 시크바즈Sikbaj라는 요리가 있었습니다. '시크Sik'는 페르시아 말로 식초를 의미하는데, 시크바즈는 소고기와 닭고기에 식초와 여러 향신료를 가미해 끓여 낸 일종의 스튜입니다. 그런데 이 요리의 주재료로 생선이 사용되거나, 스튜가 아닌 튀김 요리로 변형되는 등 변화가 시도되었습니다. 예를 들어 13세기경 이집트에서 발간된 한 요리책에는 생선튀김 형태의 시크바즈를 소개하고 있습니다. '생선에 밀가루를 묻혀 튀긴 다음, 식초와 각종 향신료로 만든 소스를 뿌려 먹는 요리'라고 설명하고 있지요.

페스카도 프리토
페스카도 프리토는 스페인어로 '튀긴 작은 생선'이라는 뜻이다. 생선에 밀가루를 입혀 튀겨 낸 후 각종 향신료와 식초를 뿌려 먹는다. 이 요리가 생겨난 초기에는 육수를 넣어 끓여 먹기도 했다고 한다.

이후 시크바즈는 지중해를 넘나드는 상인들을 통해 유럽으로도 전래되었는데 이때 주로 소개된 것이 생선튀김 시크바즈였습니다. 포르투갈의 야채튀김인 페이시뉴 다 오르타, 스페인의 생선튀김인 페스카도 프리토도 이때 전래된 시크바즈의 영향을 많이 받았습니다. 그런 맥락에서 페스카도 프리토가 변형되어 탄생한 피시앤칩스 또한 그 기원을 시크바즈에서 찾을수 있을 것입니다.

영국 노동자들을 위한 진수성찬

초기의 피시앤칩스 메뉴 구성은 지금과 전혀 달랐습니다. 생선튀김은 차가웠고 감자튀김은 함께 곁들여지지 않았지요. 지금과 같은 구성은 1860년 런던에서 유대인 이민자 조지프 말린 Joseph Malin에 의해 처음 만들어졌습니다. 그리고 오래가지 않아 영국 전역으로 확산되었습니다. 저렴하고 단백질이 풍부한 대구와 당시 유럽에서 가장 보편적인 식재료였던 감자를 튀겨 낸이 고열량의 요리는 가난한 영국 노동자들에게 안성맞춤이었습니다. 지금은 번듯한 음식점에서 모양새를 갖추어 팔리는 요리지만 초창기에는 노동자의 음식답게 신문지에 포장되어 테이크아웃 형태로 판매되었습니다.

그렇다 보니 저렴한 가격을 유지하기 위해 단순한 메뉴 구성도 고수되었습니다. 생선튀김과 감자튀김 외에 삶은 완두콩을 으깨어 만든 머시 피스Mushy Peas 정도가 곁들여질 뿐입니다. 이 머시 피스는 담백한 피시앤칩스에 단맛을 더해 줍니다. 약간의 소스가 곁들여지기도 하는데 그 종류는 지역별로 매우 다양합니다.

한편 그 기원을 통해서도 짐작할 수 있듯이 피시앤칩스에 뿌리는 식초는 요리에 있어 매우 중요한 요소입니다. 전문적으로 피시앤칩스를 판매하는 매장은 각자 자신들만의 방식으로 제조한 식초를 사용함으로써 풍미를 차별화하고 있습니다.

피시앤칩스 테이크아웃
피시앤칩스는 생선과 감자튀김에 식초, 머시 피스, 레몬 등이 곁들여진 단출한 서민 음식이다. 본래 가난한 노동자들을 위한 음식이었던 만큼 길거리 가판대에서 신문지나 종이에 포장되어 판매되었다.

피시앤칩스는 앞서 설명한 것처럼 주로 길거리 가판대에서 판매되었던 노동자들의 요리였습니다. 그러나 이후 두 차례의 세계 대전을 거치면서 모든 영국인의 사랑을 한 몸에 받는 국민 요리로 발돋움하게 되었습니다. 제2차 세계 대전 당시 영국 총리였던 윈스턴 처칠은 피시앤칩스를 두고 '영국인의 좋은 친구'라고 칭송할 정도였습니다.

피시앤칩스가 영국 전역으로 널리 퍼진 데 이면에는 종교적인 이유도 존재합니다. 유럽은 중세 시대부터 특별한 기념일뿐 아니라 매주 금요일에도 육식을 금기하는 전통이 있었습니

북극해의 대구
피시앤칩스 조리에는 주로 북극해에서 잡히는 대구가 사용되지만 지역에 따라서 다른 흰살 생선이 사용되기도 한다. 그뿐만 아니라 영국 내에서도 지역에 따라 조리법이 조금씩 다르다.

다. 이때 육식을 대신해 생선 요리를 즐겨 먹었지요. '금육일禁肉^日'을 영어로 'Fish Day'라 표현하는 것도 여기서 유래되었습니다. 덕분에 영국에는 금요일 저녁이면 자연스레 피시앤칩스를 먹는 전통이 생겼습니다.

한때 영국의 피시앤칩스 전문 매장은 약 3만 개에 달하기도 했지만 현재는 3분의 1 수준으로 줄었습니다. 과도한 열량 섭취를 우려하는 인식이 퍼지고 건강을 생각하는 소비문화가 확산되었기 때문이지요. 북극해에서 잡히는 대구의 어획량 감소도 크게 작용했습니다. 그래도 영국 전체 소비량 대비 이들 매장에서 소비되는 비중을 살펴보면 감자가 약 10%, 흰살 생선은 약 30%에 달한다고 하니 피시앤칩스는 여전히 영국을 대표하는 국민 요리임에 틀림없습니다.

식욕을 돋우는 갈색의 비밀

예전의 피시앤칩스는 프렌치프라이와 마찬가지로 우지나 돈지와 같은 동물성 유지를 사용하는 경우가 많았습니다. 하지만 최근에는 상대적으로 고온에서 안정적이고 건강에 해로운 포화 지방산을 적게 포함하고 있는 대두유 등 식물성 유지가 주로 사용됩니다. 이 또한 프렌치프라이와 마찬가지이지요.

하지만 같은 기름을 사용하더라도 칩스는 프렌치프라이보

다 기름을 덜 함유하고 있습니다. 아니, 더 정확하게 말하면 단위 무게당 기름 함량이 프렌치프라이보다 적은 것이지요. 보통 칩스의 감자 조각이 프렌치프라이의 것보다 더 두껍다 보니 같은 양의 기름을 흡수하더라도 함량은 더 적고 그래서 프렌치프라이보다 기름을 덜 섭취하게 되는 것입니다.

튀김옷은 기본적으로 물과 밀가루만 사용해 만들지만 소량의 탄산수소나트륨을 첨가하거나 물 대신 맥주를 사용하기도 합니다. 맥주 안에 포함된 탄산가스가 기포를 만들어 튀김옷을 더욱 바삭하게 만들어 주기 때문입니다. 이것은 튀김옷을 반죽할 때 탄산수를 사용하는 것과 같은 이유입니다. 하지만 여기에 더해 맥주를 사용하면 특유의 색소 성분이 튀김옷 표면의 갈색을 강조해 주어 요리의 외양이 더욱 먹음직스러워집니다.

그런데 왜 우리는 갈색으로 변한 튀김을 더 먹음직스럽게 여기는 것일까요? 그 이유는 바로 달콤한 캐러멜 때문입니다. 튀김옷에 포함된 탄수화물은 고온의 조리 과정에서 캐러멜화 반응Caramelization을 겪습니다. 탄수화물이 가열되면 여러 단계의 분해 과정을 거쳐 포도당, 설탕, 과당 등 여러 당류가 생성되고 이 당류가 또다시 여러 단계의 산화 반응을 거치면서 더 작은 갈색 물질을 만들어 냅니다. 바로 이 물질이 캐러멜인 것입니다.

캐러멜화 반응 외에 튀김의 갈색에 영향을 미치는 중요한 반응이 있습니다. 탄수화물이 분해된 당류와 단백질이 분해된

아미노산 간의 반응으로 인해 다양한 부산물이 만들어지는 마이야르 반응Maillard Reaction이 그것입니다. 이 반응을 거치면 여러 맛 성분과 향 성분이 생겨날 뿐 아니라 멜라노이드Melanoid라는 갈색의 색소 성분도 만들어집니다. 바로 이 물질이 튀김 표면을 갈색으로 변하게 하는 또 다른 원인입니다.

우리가 튀겨지고 구워지면서 재료의 표면이 갈색으로 변한 것을 보고 먹음직스럽다고 여기는 데에는 이런 화학 반응의 원리가 숨어 있습니다. 이런 과정을 통해 원재료에서는 느낄 수 없는 새로운 풍미가 가미되기 때문이지요. 우리의 식욕을 돋우는 갈색의 비밀에 대해서는 3장에서 더 자세히 다루도록 하겠습니다.

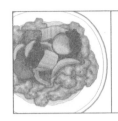

소스가 없으면 성립되지 않는 요리 : 탕수육

탕수육과 꿔바로우의 조상, 꾸루로우

탕수육은 단연코 한국인이 가장 좋아하는 중국요리 중 하나입니다. 특히 각종 야채와 식초, 간장, 전분물을 섞어 만드는 걸쭉한 소스는 이 요리의 백미이지요. 탕수육을 한자로 표기하면 당초육糖醋肉이라고 합니다. 탕수육이라는 이름은 '당초糖醋'의 중국식 발음인 '탕수'와 고기 육肉 자가 결합된 것입니다. 이때 '당초'는 '달고 신맛이 난다'는 뜻입니다.

사실 우리가 알고 있는 탕수육은 한국인의 입맛에 맞도록 변형된 것이며 그 원형은 홍콩의 돼지고기 튀김 요리인 '꾸루로우咕嚕肉'입니다. 중국 동북 지방에서 즐겨 먹는, 우리에게는 중국식 탕수육으로 잘 알려져 있는 꿔바로우鍋包肉 또한 이 꾸루로우가 변형된 요리입니다. 원조 격인 꾸루로우는 한국식 탕수육과 달리 토마토케첩이 첨가된 더 붉은 소스가 사용된다는 점이 특징입니다.

아편 전쟁이라는 출생의 비밀

16세기 후반까지만 하더라도 세계의 바다를 지배하던 나라는 스페인이었습니다. 그러나 1588년 스페인의 무적함대가 영국

꾸루로우
탕수육과 꿔바로우의 원조 격인 꾸루로우. 원래 서양인들이 포크로 찍어 먹을 수 있도록 만들어진 튀김 요리다. 한국식 탕수육에 비해 더 붉은 소스를 사용하는 것이 특징이다. (출처: 위키피디아)

에게 대패한 이후 제해권은 영국으로 넘어가게 됩니다. 당시 영국은 무역을 통해 부를 축적해야 한다는 중상주의 사상이 지배하고 있었습니다. 이에 영국은 세계 각지로 함대와 상인을 파견해 해상 무역을 활발하게 전개했습니다. 그렇게 극동의 중국까지 이른 것이지요.

그러나 중국은 산업적인 기반이 잘 갖춰져 있었고, 영국은 이런 중국과의 무역을 통해 적자를 면하지 못했습니다. 차, 비단, 도자기 등 중국산 사치품들에 대한 영국인의 수요는 점차 증가하는 반면 모직물과 같은 영국 상품들에 대한 중국인의 수

무적함대
1640년경 네덜란드의 판화가 클라스 얀츠 비셔가 그린 무적함대의 모습. 무적함대의 정식 명칭은 '가장 위대하고 축복받은 함대'다. (출처: 위키피디아)

요는 그리 많지 않았던 까닭입니다.

중국에 대한 무역 적자가 갈수록 누적되자 영국은 이 문제를 해소하기 위해 인도산 아편을 중국에 수출하는 극단적인 선택을 합니다. 영국 내에서 금지된 마약을 중국에 가져다 팔아 수익을 올리는 부도덕한 행위를 자행한 것입니다.

이를 통해 영국은 막대한 무역 이익을 얻었지만, 중국은 거리 곳곳에 아편 중독자가 넘쳐나는 커다란 사회 문제에 직면하게 되었습니다. 이에 중국 정부는 임칙서를 광둥에 파견하여 아편 단속을 실시했고, 그는 영국 상인들로부터 아편 2만여 상자를 몰수해 모두 불태워 버렸습니다.

영국은 중국에서 거둬들이는 막대한 이익을 포기할 생각이 전혀 없었습니다. 그래서 아편 몰수 사건을 구실로 1840년에 중국을 침략하게 됩니다. 이것이 바로 아편 전쟁입니다. 영국은 중국과의 전쟁이 매우 어려우리라 예상했지만 실제로는 2년 만에 허무하게 끝나 버리고 말았습니다.

그 결과 중국은 전쟁 보상금 지불, 영토 할양, 5개 항구 개항 등을 주요 골자로 하는 굴욕적인 난징 조약을 체결하게 되었습니다. 그 결과 개방된 항구에는 영국을 비롯한 유럽에서 건너온 상인들로 넘쳐 나게 되었습니다.

평소 포크와 나이프를 사용하던 서양인들에게 젓가락을 사용해야 하는 중국요리는 생소하고 불편한 것이었습니다. 그래서 중국인들에게 포크를 사용해 쉽게 먹을 수 있는 고기 요리를 요구했고, 그렇게 탄생한 것이 탕수육의 원형이라 할 수 있는 꾸루로우입니다. 꾸루로우는 침을 '꿀꺽' 삼키는 장면을 묘사한 의성어인데, 서양인들이 이 돼지고기 튀김 요리를 보며 침을 삼키는 모습에서 이런 명칭이 유래되었다고 합니다.

꾸루로우는 비록 서양인들을 위해 만들어졌지만 점차 중국인들 사이에서도 인기를 얻게 되었고, 청일 전쟁 이후 우리나라에도 전해졌습니다. 당시 인천에는 많은 중국인이 거주하고

아편에 취한 중국인
영국은 무역 적자를 만회하기 위해 인도산 아편을 중국에 수출하기 시작했다. 당시 청나라 사회의 아편 중독 문제는 매우 심각했다. 고위 관리의 10명 중 1명, 하급 관리의 10명 중 8명 이상이 아편을 흡연한다고 추정되었을 정도다. 관리들의 실상이 이러니 청나라의 경제적, 사회적 시스템이 흔들리는 것은 당연했다.

있었는데 꾸루로우는 다른 중국요리들과 함께 한국인의 입맛
에 맞도록 변형되었습니다.

걸쭉한 소스의 완성은 전분의 농도

초기의 탕수육은 비교적 저렴한 부위의 돼지고기를 사용했습
니다. 튀김옷을 입혀 튀겨 내면 고기의 품질을 제대로 평가하기
어렵기 때문입니다. 덕분에 탕수육은 초창기부터 서민을 위한
요리로 자리매김하게 되었습니다.

지금은 주로 돼지의 등심 부위를 사용하는데, 두께는 약
5밀리미터, 길이는 약 5센티미터로 길쭉하게 잘라 낸 후 튀김
옷을 입혀 튀겨 냅니다. 이때 튀김옷은 전분물을 사용해 만드
는데 중국요리에서는 이 전분물이 다양한 용도로 활용됩니다.
전분과 물을 1 대 1로 섞은 후 약 1시간 정도 놔두면 물과 전
분이 분리되는데 이때 가라앉은 전분 위로 약간의 물만 남기고
따라 버립니다. 이렇게 남은 부분이 전분물이 되는 것이지요.
전분물은 탕수육의 튀김옷뿐 아니라 탕수육의 야채 소스를 만
들거나 다른 탕 요리의 농도를 조절할 때에도 이용됩니다.

밀가루를 주로 사용하는 일반적인 튀김옷과 달리 탕수육
의 튀김옷은 전분만을 사용하기 때문에 바삭한 식감은 다소 약
합니다. 앞서 설명한 것처럼 밀가루에 포함된 글루텐 단백질은

튀겨지는 과정에서 다공질 구조를 형성하며 바삭한 식감을 만들어 내는데, 탄수화물의 일종인 전분에는 글루텐 단백질이 들어 있지 않기 때문입니다.

다만 전분으로 만들어진 튀김옷이라 할지라도 그 안에 포함된 수분이 기화하면서 일부 다공질 구조가 형성되기는 합니다. 그러나 이 튀김옷의 주된 역할은 속 재료의 수분이 빠져나가는 것을 방지하는 보호막입니다. 특히 전분은 호화 반응을 통해 얇은 피막을 형성하여 더 단단한 보호막이 되기 때문에 수분이 기화되지 못하고 따라서 다공질 구조도 부족할 수밖에 없습니다.

한편 탕수육에 곁들이는 소스에는 당근, 양파, 오이, 목이버섯, 완두콩과 같은 야채들이 들어가며, 기호에 따라 파인애플처럼 단맛이 나는 과일을 넣기도 합니다. 끓는 물에 설탕과 식초, 간장 또는 케첩, 그리고 전분물을 넣어 진득하게 만든 후 소스가 끓으면 미리 다듬은 채소를 넣고 살짝 익혀 줍니다. 이때 소스의 걸쭉한 정도는 전분물을 얼마나 넣느냐로 조절할 수 있습니다.

3장

'겉바속촉'을 완성하는
튀김의 과학

금성의 대기 온도까지 측정할 수 있으면서,
수플레⁺ 안에서 어떤 일이 일어나고 있는지 모른다는
사실은 참으로 유감스러운 일이다.

니컬러스 커티 Nicholas Kurti
(1908~1998, 영국 물리학자 겸 분자요리 창시자)

⁺ 거품 낸 달걀흰자에 다양한 재료를 넣어
오븐으로 구운 과자

구멍이 많을수록 바삭해진다

분자요리Molecular Cuisine, 분자요리학Molecular Gastronomy에 대해
들어 본 적 있으신가요? 요리를 하는 과정에서 일어나는 미세
한 수준의 물리적· 화학적 변화를 이용하여 요리의 식감과 풍
미를 개선하려는 새로운 시도입니다. 여기서 분자란 물질의 성
질을 갖는 최소 단위를 말하지요.

  이 용어는 1969년, 영국 옥스퍼드대학교의 물리학과 교수
니컬러스 커티가 처음 사용한 이후 전 세계적으로 많은 관심을
받아 왔습니다. 지난 2010년에는 미국 하버드대학교에 관련
강좌가 개설되기도 했는데, 바야흐로 탁월한 요리를 만들기 위
해서 과학도 잘 알아야 하는 시대가 된 것 같습니다.

요리의 정의는 '정확한 헤아림을 통해 식재료를 먹기 좋게 가공한 최종적인 산출물 또는 그 과정'임을 이미 앞에서 살펴보았습니다. 여기서 '정확한 헤아림'이란 어떤 행위로부터 유도되는 결과를 정확하게 예측할 수 있다는 의미입니다. 만약 매번 요리를 할 때마다 원하는 결과를 얻지 못한다면 이는 정확하게 헤아리지 못했기 때문일 것입니다.

이것은 과학이 추구하는 바이기도 합니다. 과학은 어떤 현상이 발생하는 원리에 대한 이해를 바탕으로, 원한다면 그것을 여러 번 반복해서 재현할 수 있도록 만들어 주는 유용한 도구입니다. 과학을 통해 우리는 보다 목적 지향적인 행위를 추구할 수 있습니다. 이 행위들 가운데 하나가 바로 요리인 것입니다.

이처럼 요리는 과학과 매우 밀접합니다. 요리도 과학이라는 인식은 분자요리 개념이 등장하고부터 비로소 보편화되었지만, 사실 요리라는 행위는 생겨났을 때부터 과학적 원리들이 활용되었습니다. 물론 우리의 조상들이 과학 원리를 이용하고 있다는 사실을 명확하게 인식하고 있었던 것은 아닙니다. 다만 수많은 관찰과 시행착오를 거치면서 부지불식간에 그것들을 체득하고 활용할 수 있게 된 것입니다.

18세기를 맞아 과학이 급속도로 발전하면서 요리에 활용되는 과학 원리도 재발견되기 시작했습니다. 그저 어렴풋하게 인식하던 수준을 넘어, 보다 명확한 개념으로 요리의 과정을 설명하기 시작한 것입니다. 그렇게 발전과 고민을 거듭하여 마침내 분자요리라는 새로운 분야를 만들어 냈습니다. 덕분에 우리는 요리의 과정을 명확하게 이해할 수 있고, 그것을 정밀하게 조절할 수 있게 되었습니다.

이번 장에서는 튀김이라는 요리에 숨은 과학적 원리에 대해 자세히 알아보도록 하겠습니다. '겉바속촉'을 완성하는 과학의 비밀은 무엇인지, 튀김만의 독특한 풍미와 색감은 어떻게 생겨나고, 최적의 튀김 조건을 결정하는 요소는 무엇인지 등이 이 장에서 다룰 핵심 주제입니다.

바삭함과 촉촉함은 상반되고 이질적인 감각입니다. 하지만 이 둘이 튀김이라는 요리 안에서 하나가 되었습니다. 눅눅한 튀김옷, 퍽퍽한 속살은 튀김 애호가들의 고개를 가로젓게 만들죠. 과연 '겉바속촉'의 환상 조합에는 어떤 과학 원리가 숨어 있을까요?

우리는 흔히 서로 잘 어울리지 못하는 것들을 두고 '물과 기름' 같다고 합니다. 물과 기름은 바삭함과 촉촉함만큼 서로 이질적입니다. 기름은 물보다 비중比重이 낮아 물과 잘 섞이지 않고 물보다 항상 높은 곳에 위치하려는 성질을 가지고 있습니다. 물의 비중이 1일 때 기름은 0.8 정도로 낮습니다. 그런데 층을 나누고 있는 물과 기름을 가열하면 정반대의 상황이 벌어집니다. 물이 기름보다 더 위에 있으려는 경향이 나타나는 것입니다. 그 이유는 무엇일까요?

바로 끓는점의 차이 때문입니다. 물은 100℃에서 끓지만 대부분의 기름 종류는 200℃ 이상에서 끓기 시작합니다. 그런데 일반적으로 튀김은 170℃ 정도에서 조리하지요. 이 온도에서 기름은 끓지 않지만 물은 이미 기화되어 수증기로 변합니다. 수증기의 비중은 기름보다 훨씬 낮기 때문에, 물은 자기 머리 위의 기름 층을 뚫고 위로 솟아오릅니다.

고기, 생선, 야채 등 튀김 재료에는 상당한 수분이 함유되어 있습니다. 그리고 튀기는 과정에서 이 수분들이 기화할 때 약 1700배의 부피 팽창이 일어납니다. 감이 잘 안 온다고요? 종이컵 한 컵 분량의 물을 기화시키면 1.5리터짜리 페트병 170개에 달하는 부피의 수증기가 되는 것입니다.

튀김의 기포들
식재료를 튀기기 시작하면 수많은 기포가 발생한다. 재료의 수분이 고온에서 급격하게 기화되면서 나타나는 현상이다. 기포 발생이 과하면 튄 기름에 화상을 입을 수 있을 뿐 아니라, 기름의 품질이 저하되는 원인이 되기도 한다.

무언가를 직접 튀겨 본 경험이 있다면 한번 떠올려 봅시다. 고온의 기름에 재료를 집어넣으면 기름 안은 온통 기포로 가득 찬다는 것을 알 수 있습니다. 혹여 재료에 수분이 너무 많으면 뜨거운 기름이 사방으로 튀어 주방이 아수라장으로 변하는 것은 물론이고 잘못하면 손이나 얼굴에 화상을 입을 수도 있으니 반드시 조심해야 합니다.

고온으로 가열하면 재료 표면의 수분이 빠져나간 자리도 팽창하여 부풀어 오릅니다. 튀김 표면에 무수히 많은 작은 구멍이 생기는 것이지요. 바로 앞서 설명했던 다공질 구조입니다. 이 구멍으로 뜨거운 기름이 침투하면 재료가 알맞게 익게 되지요.

다공질 구조는 튀김의 바삭한 식감뿐 아니라 튀김의 무게를 더 가볍게 만들어 줍니다. 재료와 튀김옷에 포함되어 있던 수분이 증발하고, 일부는 보다 가벼운 기름으로 대체되었기 때문입니다.

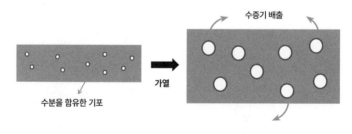

수증기 배출

가열

수분을 함유한 기포

다공질 구조의 형성
튀김옷 반죽에 포함되어 있던 수분이 고온의 기름에 의해 기체로 변하여 튀김옷을 뚫고 배출되면 조그마한 구멍이 무수하게 생겨난다. 이것이 바로 바삭함의 비밀이다.

131

그럼 재료를 고온의 기름에 튀기기만 하면 다공질 구조가 형성되고 바삭해질까요? 결론부터 말하자면 그렇지 않습니다. 기름과 물 사이의 교환 반응이 '적절하게' 일어나야만 제대로 된 바삭함을 얻을 수 있습니다. 그 조건으로 우선 식재료에 포함된 수분의 양이 적당해야 합니다. 수분이 너무 많으면 조리 과정에서 미처 다 제거되지 못하여 튀김이 눅눅해지고 맙니다. 반대로 수분이 너무 적으면 다공질 구조가 충분하게 형성되지 못하고 경우에 따라서는 튀김의 겉이 타 버릴 수도 있습니다.

'수분 배출이 용이한 구조'도 바삭함을 완성하는 데 결정적인 역할을 합니다. 만약 어떤 구조적인 장애 요인 때문에 표면의 수분이 제대로 빠져나가지 못하면 결국 튀김은 눅눅해지고 말 것입니다. 제대로 된 튀김을 얻고자 한다면 수분의 배출을 세밀하게 조정해야 하는데, 많은 전문가가 튀김옷을 강조하는 이유가 바로 여기에 있습니다. 감자처럼 전분이 많은 재료는 그대로 튀기기도 하지만, 그 외의 대부분의 재료는 별도의 튀김옷이 필요한 것입니다.

전분 보호막으로 육즙의 유출을 막아라

밀가루가 튀김옷의 주재료로 애용되는 데에는 구하기 쉽고 가격도 저렴하다는 장점 외에 글루텐이라는 특수 단백질 때문입니다. '글루텐 프리Free 식품'은 웰빙 트렌드에 관심이 있는 사람이라면 누구나 한 번쯤 들어 봤을 것입니다. 글루텐 프리 식품은 글루텐 소화 효소가 부족하거나 글루텐에 대해 알레르기 반응을 보이는 사람들을 위한 대체 식품입니다. 글루텐을 완전하게 소화하지 못하면 소화불량, 두통, 복통, 설사 등 이상 반응이 일어나는 경우도 있기 때문입니다. 그래서 대중에게 글루텐이 건강에 해롭다는 인식도 퍼져 있습니다만 이는 큰 오해입니다. 오히려 이 글루텐이야말로 밀가루를 밀가루답게 만들어 주는 일등공신입니다.

밀가루의 주성분은 탄수화물이지만 단백질도 약 10%를 차지하고 있습니다. 이때 단백질의 80%를 글루테닌Glutenin과 글리아딘Gliadin이란 성분이 차지하고 있는데, 글루텐은 이 2가지 성분의 물리적 작용에 의해 만들어지는 일종의 복합 단백질입니다.

글루테닌의 분자들은 매우 크고 느슨하게 꼬여 있는 반면, 글리아딘의 분자들은 더 작으면서 타이트하게 꼬여 있습니다. 밀가루 반죽이 탱탱해질 수 있는 것, 즉 탄력성을 가지는 것은 글루테닌 때문이고, 죽죽 잘 늘어날 수 있는 것, 즉 신축성을 가지는 것은 글리아딘 덕분입니다.

평소 이 두 단백질은 전분 입자를 둘러싸고 있는데 비활성화된 상태로 존재합니다. 그러나 물과 접촉하여 수화되면 입자가 풀어지면서 서로 엉키게 되고, 이 과정에서 탄력성과 신축성이 뛰어난 얇은 막 구조의 글루텐이 형성됩니다. 밀가루를 오래 반죽하면 할수록 반죽이 더 쫄깃해지는 이유가 바로 여기에 있습니다. 반죽할수록 글루텐도 더 많이 생성되기 때문입니다. 참고로 밀가루 반죽에 소금을 첨가하면 더 쫄깃해지는데, 소금이 용해될 때 만들어지는 나트륨 이온$_{Na^+}$과 염소 이온$_{Cl^-}$이 글리아딘과 글루테닌이 더 잘 섞이도록 도와주기 때문입니다.

본래 단백질 분자는 1차원의 긴 사슬 형태가 아니라, 3차원인 구$_{Sphere}$의 형태로 존재합니다. 단백질 분자 사슬 내에 양전하(+)와 음전하(-)가 존재하는데 이들 사이에 정전기적 인력이 작용하면서 사슬을 뭉쳐지게 만들기 때문입니다. 그런데 이런 3차원 구조에 이온들이 첨가되면 사슬들 간에 작용하던 정전기적 인력이 방해를 받아 단백질 구조가 느슨해집니다. 결국 글리아딘과 글루테닌은 더 활발하게 엉키고 글루텐 생성의 촉진으로 이어집니다.

빵을 만드는 공정에서 첨가되는 물질들을 살펴보면 생각보다 많은 양의 소금이 사용된다는 사실을 알 수 있습니다. 반죽 과정에서 소금을 첨가하는 이유는 맛을 내기 위한 것도 있지만 앞서 살펴본 것처럼 글루텐의 생성량을 높여 쫄깃한 식감을 강조하기 위한 것입니다.

그런데 튀김이 추구하는 식감은 식빵의 그것과 정반대입니다. 제대로 된 튀김이라면 쫄깃할 게 아니라 바삭해야 하지요. 따라서 너무 많은 양의 글루텐이 생성되지 않도록 주의해야 합니다. 여기서 독자 여러분은 이런 의문이 생길 수 있습니다. '이 럴 바에는 아예 글루텐이 없는 편이 낫지 않을까?'

밀가루와 물을 혼합하여 반죽하면 그 안으로 다량의 공기 가 섞여 들어갑니다. 그리고 반죽하는 과정에서 탄력성 있는 얇은 막 구조의 글루텐 단백질이 생성되지요. 바로 이 글루텐 단백질이 공기를 포집해 기포 형태로 가두어 놓습니다. 그리고 이 기포 안에는 수분 또한 포함되어 있기 때문에 튀겨지는 과 정에서 다공질 구조를 만들게 됩니다.

이때 글루텐이 너무 많이 생성되면 어떤 일이 벌어질까요? 글루텐의 양이 많으면 많을수록 튀김옷의 탄력성도 증가하고, 반죽 과정에서 기포들이 더 안정적으로 형성될 수 있습니다. 그 러나 그 탄력성이 적정 수준을 넘으면, 기포 내의 수분이 제대 로 배출되지 못해 튀김이 눅눅해질 수 있습니다. 앞서 설명한 것처럼 수분 배출을 방해하는 '구조적 장애 요인'은 바로 과도 한 글루텐에 의해 생겨나는 것입니다.

튀김옷을 반죽할 때에는 찬물을 사용하는 것이 좋습니다. 왜냐하면 글루텐 생성은 고온에서 촉진되기 때문입니다. 그래 서 튀김 전문점 중에는 반죽뿐 아니라 주방 도구들까지 냉장 보관하는 것을 원칙으로 삼는 곳도 있습니다. 요리와 맛에 있 어 조금의 오차도 허용하지 않으려는 철저한 장인 정신을 엿볼 수 있는 대목이지요.

한편 튀김옷을 만들 때에는 밀가루도 매우 중요한 역할을

합니다. 밀가루의 종류에 따라 글루텐의 생성량이 달라지기 때
문입니다. 자세한 내용은 5장에서 다루도록 하겠습니다.

　다시 한 번 강조하지만 튀김의 가장 큰 매력은 바삭한 겉
과 촉촉한 속살의 이질적이면서 환상적인 조합입니다. 앞서 바
삭한 식감을 만드는 과학 원리를 밝혀 보았으니 이제 뜨거운
기름 속에서 어떻게 촉촉함을 간직할 수 있는지, 촉촉한 속살
의 비밀에 대해 알아보겠습니다.

　중국요리 가운데 샤오롱바오小籠包라는, 우리의 찐만두와
비슷한 요리가 있습니다. 하지만 샤오롱바오의 가장 큰 특징은
만두소의 육즙이 거의 그대로 남아 있다는 점입니다. 그래서

샤오롱바오
샤오롱바오는 만두 중에서 피가 가장 얇은 편에 속한다. 그럼에도 불구하고 육즙을 잘 가
두면서 찢어지지 않으려면 탄력 있는 반죽을 만드는 것이 매우 중요하다. 겉은 식었지만
육즙은 뜨거운 탓에 샤오롱바오를 한 입에 먹었다가 입안을 데는 경우가 많다.

샤오롱바오를 먹을 때 먼저 만두피를 살짝 찢어 그 속의 육즙부터 마시지요. 내부의 육즙이 온전히 보존될 수 있는 것은 만두피가 보호막 역할을 수행하기 때문입니다. 튀김의 속살이 촉촉함을 유지할 수 있는 이유도 바로 재료 겉에 형성되는 보호막 덕분입니다. 마치 샤오롱바오의 만두피처럼 말이죠.

이미 살펴본 것처럼 튀김옷을 반죽하면 글루텐이 형성됩니다. 이 글루텐의 얇은 막 구조가 어느 정도 보호막의 역할을 수행합니다. 하지만 여기에는 한계가 있습니다. 밀가루에 포함된 단백질은 겨우 10%뿐이기 때문입니다. 재료의 수분이 모두 빠져나가는 바람에 요리가 딱딱해지거나 혹은 뜨거운 기름이 너무 많이 침투한 나머지 느끼해지지 않으려면, 식재료 전체를 온전히 감쌀 수 있는 보다 넓고 튼튼한 보호막이 필요합니다. 이 역할을 밀가루의 전분 성분이 수행합니다.

전분은 탄수화물을 구성하는 기본 분자인 포도당이 결합되어 만들어지는 고분자 형태의 다당류입니다. 전분은 1차원의 긴 사슬 형태인 아밀로오스와 사슬 간 결합을 통해 보다 치밀해진 3차원 형태의 아밀로펙틴이 각각 일정한 비율로 섞여 구성됩니다.

전분에 수분과 열이 더해지면 아밀로펙틴 구조는 다소 느슨해지고 이때 수분이 침투하게 됩니다. 이로 인해 전분은 걸쭉한 형태로 변합니다. 마치 종이가 물을 흡수하는 것처럼, 아밀로펙틴의 3차원 구조가 수분을 흡수하는 것입니다. 이처럼 전

포도당

아밀로오스   아밀로팩틴

전분의 구성 성분
전분은 분자사슬이 직선 형태인 아밀로오스와 사슬 간 결합을 통해 보다 더 치밀한 구조를 갖는 아밀로펙틴이 일정 비율로 섞여서 구성된다.

분이 수분을 흡수하여 부피가 늘어나는 현상이 바로 호화 반응입니다. 프렌치프라이 만드는 방법을 알아볼 때 먼저 살펴보았지요? 호화된 전분은 튀김옷의 겉에 넓은 피막을 형성합니다. 그리고 튀겨지는 과정에서 이 피막의 수분이 제거되면 보다 단단한 보호막이 완성됩니다.

빵가루로 완성하는 궁극의 바삭함

'겉바속촉'의 매력이 가장 두드러지는 튀김 요리가 바로 돈카츠입니다. 왜냐하면 돈카츠의 주재료인 돼지고기는 세 겹의 튀김옷을 입기 때문입니다. 가장 먼저 가루 상태의 밀가루를 입습니다. 밀가루의 역할은 앞서 설명한 것처럼, 수분과 열에 의해 호화 반응을 일으켜 보호막을 만들어 내지요. 식재료 전문 매장에서는 돈카츠 전용 특수 밀가루를 판매하고 있습니다. 이 제품은 일반 밀가루에 비해 더 많은 글루텐이 생성되도록 가공된 덕분에 더 단단한 보호막(튀김옷)을 만들어 낼 수 있습니다.

골고루 밀가루를 묻힌 돼지고기에 이번에는 풀어 놓은 달걀을 입힙니다. 달걀은 튀김옷을 더 고소하게 만들어 줄 뿐 아니라 일종의 접착제 역할도 합니다. 마지막으로 입힐 빵가루가 더 견고하게 붙어 있을 수 있도록 도와주는 것입니다. 돈카츠의 경우 다른 튀김에 비해 입자가 굵은 빵가루를 사용하는 것이 일반적입니다. 보다 바삭거리는 식감을 강조하기 위해서지요. 입자가 굵다 보니 튀겨지는 과정에서 빵가루가 떨어져 나갈 수 있는데, 달걀의 접착성이 이를 방지해 줍니다.

그럼 왜 굳이 조리 과정에서 떨어져 나갈 수도 있는 빵가루를 사용할까요? 바삭한 식감은 튀김옷이 기름에 튀겨질 때 만들어지는 다공질 구조가 결정하는데, 빵가루에는 그 자체에 이미 다공질 구조가 형성되어 있기 때문입니다. 잘 알다시피 빵을 만드는 데에도 반죽이 필요합니다. 그리고 탄산수소나트륨, 효모 등의 팽창제까지 첨가되지요. 반죽뿐 아니라 발효되는 과정에서 더 많은 기포가 생성되고 오븐에서 구워지는 동안 이 기포 안의 수분이 날아가면서 다공질 구조가 완성됩니다. 즉 빵가루가 가진 본래의 다공질 구조에, 튀기는 과정에서 형성되는 다공질 구조가 더해지는 것입니다. 그야말로 다공질 구조를 '묻고 더블로 가는' 것이지요.

그런데 빵도 다공질 구조를 가졌는데 왜 튀김처럼 바삭하지 않을까요? 그 이유는 사용되는 밀가루가 다르기 때문입니다. 일반적으로 빵을 만드는 데 사용되는 밀가루는 글루텐 함량이 높습니다. 다시 말해 더 탄력적인 반죽이 만들어지지요. 덕분에 조리 과정에서 미처 빠져나오지 못하는 수분이 튀김에 비해 더 많아져서 상대적으로 부드러워지는 것입니다. 앞서 수분이 빠져나가지 못하면 튀김이 눅눅해진다는 것을 상기한다면, 빵의 부드러움은 일종의 눅눅함이라고 할 수도 있습니다.

제빵 공정과 다공질 구조

① 밀가루, 물, 팽창제, 소금 등을 넣고 반죽한다.

② 실온에서 1차 발효시키면 다량의 기포가 생성된다.

③ 빵 모양을 만든다.

④ 온도는 약 30℃, 습도는 약 85% 내외의 조건에서 2차 발효시켜 기포를 증대한다.

⑤ 오븐에서 구우면 수분이 기화하며 다공질 구조가 완성된다.

빵가루를 사용할 때 한 가지 주의할 점이 있습니다. 바로 습도 조절입니다. 밀가루 반죽은 상당한 수분을 함유하고 있습니다. 고온의 조리 과정 중 이 수분이 기화하면서 지속적으로 열에너지를 흡수해 버립니다. 튀김옷이 뜨거운 기름 속에서도 타지 않을 수 있는 이유가 바로 이 때문입니다. 마치 적장을 껴안고 뛰어드는 것처럼, 수분이 뜨거운 열을 품은 채 허공으로 몸을 내던지며 튀김옷이 타지 않도록 일종의 완충 작용을 하는 것입니다.

하지만 이미 다공질 구조를 품고 있는 빵가루는 상대적으로 수분 함량이 적기 때문에 기화에 의한 열에너지 흡수 작용이 잘 일어나지 않습니다. 그래서 너무 건조한 빵가루를 사용하면 자칫 바삭하다 못해 타 버릴 우려가 있습니다. 따라서 적당량의 수분이 포함된 빵가루를 사용하는 것이 중요합니다. 준비한 빵가루의 습기가 날아가 바싹 말랐다면 분무기로 물을 뿌려 주는 것도 좋은 방법입니다. 무엇보다 습도 조절이 어렵다

빵가루
빵가루는 가정에서도 쉽고 간편하게 만들 수 있다. 며칠 지나서 딱딱하게 굳은 식빵이나 바게트, 건빵이나 크래커를 마구 두드려서 굵은 입자의 가루로 만들면 된다.

면 튀김 전용 빵가루를 구매하면 됩니다. 이 빵가루는 습도가 적당한 상태에서 밀봉 포장되어 판매되고 있으니까요.

왜 집에서 만든 튀김보다 전문점 튀김이 더 맛있을까

튀김은 비교적 조리 시간이 짧습니다. 물론 재료를 다듬고 튀김옷을 반죽하고 기름을 가열하는 등의 사전 준비를 포함하면 적잖은 시간이 필요하지만, 일단 고온의 기름에 넣으면 수 분 내에 조리가 완료됩니다.

이처럼 조리에 걸리는 시간이 짧은 이유는 기름의 끓는점이 매우 높기 때문입니다. 기름은 물과 같은 다른 액체에 비해 더 높은 온도에서 끓습니다. 튀김은 일반적으로 170℃ 내외에서 조리되지만 대부분의 기름은 끓는점이 이보다 높습니다. 따라서 기름을 열전달 매체로 사용하게 되면 고온 조리가 가능해지고 결과적으로 조리 시간은 짧아집니다.

물에 삶는 조리법은 100℃ 이상 가열할 수 없기 때문에 조리 시간이 길 뿐 아니라 장시간 물속에서 조리되면서 고유의 맛 성분들이 재료에서 빠져나가 버리는 단점이 있습니다(물론 삶는 요리의 장점도 있습니다. 삶는 과정을 통해 지방을 제거하여 보다 담백한 맛을 즐길 수 있는 수육이 대표적이지요). 굽는 조리의 경우 고온의 열을 가할 수는 있지만 자칫하면 겉만 타고 속까지 골고루 익지 않을 수 있습니다. 하지만 튀김은 뜨거운 기름 덕분에 짧은 시간 동안 겉과 속을 모두 익힐 수 있습니다. 따라서 이 짧은 시간이야말로 튀김의 완성도, '겉바속촉'의 성패를 좌우하는 핵심 요소라고 할 수 있습니다. 적정 시간을 조금이라도 초과하면 튀김의 겉은 타고 재료 속 수분은 모두 증발해 버리지요. 반대로 조리 시간이 이에 못 미치면 바삭함의 원천, 다공질 구조가 충분하게 형성되지 못하고 튀김옷과 재료 또한 골고루 익지 않게 됩니다.

왜 집에서 만드는 튀김보다 전문 매장에서 만드는 튀김이 더 맛있을까요? 더 좋은 재료? 더 훌륭한 설비? 특별 비법? 물론 모두 중요하지만 튀김의 맛과 품질을 결정하는 결정적 차이는 바로 온도 조절입니다.

어떤 물질 1g의 온도를 1℃ 높이는 데 필요한 열량을 비열이라고 합니다. 물의 비열은 1이며 기름은 그보다 낮습니다. 예를 들어 식용유는 0.5 정도입니다. 그래서 기름은 빨리 가열되지만 그만큼 빨리 식기도 합니다. 따라서 고온으로 가열된 기름에 다량의 식재료가 투입되면 기름의 온도는 급격히 낮아집니다. 그런데 이처럼 급격한 온도 변화는 튀김의 맛과 품질에 큰 영향을 미칩니다.

바삭한 튀김을 만드는 데에는 열에 의한 수분의 기화, 이에 따른 내부 기포의 팽창, 그리고 수분과 기름의 교환이라는 일련의 과정들이 차질 없이 일어나야 합니다. 그런데 기름 온도가 적정 수준에서 유지되지 못하면 이러한 과정에 차례로 문제가 발생하고 결과적으로 튀김은 바삭해지지 않게 됩니다.

튀김 전문점에서는 조리 과정에서 기름 온도가 일정하게 유지되도록 많은 주의를 기울입니다. 이를 위한 가장 기본적인 원칙은 기름의 양과 투입되는 재료 간의 양적 비율에 한계를 설정하고 이를 엄격하게 준수하는 것이지요. 욕심껏 너무 많은 재료를 투입하면 기름의 온도가 급격하게 떨어집니다. 따라서 재료를 얼마나 튀겨야 할지는 기름의 온도 저하가 최소화될 수 있는 수준에서 결정되어야 합니다.

게다가 업소용 튀김기에는 정밀한 온도 센서와 컨트롤러가 장착되어 있기 때문에 세밀한 온도 조절이 가능합니다. 하지만 평범한 가정이라면 이 정도의 튀김기를 구비하는 경우는 많지 않지요. 이런 튀김기가 없어도 보다 맛있게 튀길 수 있는 팁이 있습니다. 주방용 온도계가 없더라도 튀김옷 반죽으로 기름의 온도를 가늠하는 방법입니다. 반죽을 조금 떼어 내어 기름에 떨어뜨린 후 반응을 관찰하는 것입니다. 만약 반죽이 가라앉지 않고 수면 부근에서 자글거린다면 기름의 온도는 200℃ 이상으로 과열된 상태입니다. 반면 반죽이 바닥까지 가라앉았다가 다시 떠오른다면 기름의 온도는 150℃ 정도로 조리하기에는 너무 낮지요. 하지만 반죽이 기름의 중간까지만 가라앉았다가 곧바로 떠오른다면 기름의 온도는 170℃ 내외로 적당한 수준에 도달했다고 보면 됩니다.

튀김이 무지하게 '당기는' 과학적 이유

우리가 음식을 먹는 가장 큰 목적은 생존입니다. 우리 몸에 영양분이 부족해지면 뇌는 우리에게 '어서 무언가를 먹어라'라고 명령을 내리지요. 이때 아무 음식이나 먹고 싶어지는 게 아닙니다. 우리 몸에 부족한 영양분이 풍부한 음식이 '당기게' 되는 것입니다.

'맛있다'는 감각은 단순히 우리의 미각이 느끼는 1차적인 감각이 아닙니다. 그 음식에 대해 우리 뇌가 판단하여 내보내는 2차적 전기 신호인 것입니다. 우리 뇌는 우리로 하여금 몸에 필요한 영양분을 충분히 섭취하도록 만들기 위해 그 영양분이 많은 음식에 '맛있다'라는 꼬리표를 붙여 놓았습니다.

그런데 영양 과잉 시대를 살고 있는 현대인에게는 이 메커니즘이 오히려 큰 골칫거리가 되고 있습니다. 지금 당장은 필요 없지만 미리미리 영양분을 축적해 두려는 원시 시대의 본능 때문에 비만, 당뇨, 고혈압과 같은 질환으로 고생할 확률이 높아졌기 때문입니다.

어쨌든 어떤 음식의 맛은 그 음식이 갖고 있는 영양학적 유용성과 깊은 관계가 있습니다. 그런데 맛있다고 여겨지는 음식은 대체로 영양이 풍부할 뿐 아니라 소화 흡수도 더 잘된다는 특징이 있습니다. 우리가 튀김을 좋아할 수밖에 없는 또 다른 이유는 바로 이 때문입니다. 우리의 뇌가 튀김의 영양학적 유용성을 인정했기 때문입니다.

식재료의 조직을 부드럽게 만들어 소화 흡수율을 높여 주는 연화 작용에는 크게 저온 연화와 고온 연화, 두 종류가 있습니다. 저온 연화의 대표적인 예로 생고기의 숙성 과정을 들 수 있습니다. 도축된 고기를 저온에서 며칠 동안 숙성시키거나 파인애플이나 키위, 배를 넣어 만든 양념장에 재워 놓으면 고기의 육질은 한층 더 부드러워집니다. 단백질 분해 효소가 작용하면서 고분자 형태의 단백질이 더 작은 형태로 분해되기 때문입니다. 파인애플, 키위 같은 과일에는 이 분해 효소들이 풍부하게 들어 있습니다.

한편 음식을 입안에 가득 넣고 오래도록 꼭꼭 씹는 활동도 저온 연화와 관련이 있습니다. 씹는 과정에서 마찰력에 의한 물리적 분쇄 작용이 일어날 뿐 아니라, 침으로 분비되는 소화 효소인 아밀라아제Amylase의 화학적 작용에 의해 식재료의 조직이 연화됩니다. 우리 체온은 약 36℃이므로 저온 연화에 해당한다고 할 수 있습니다.

연화 작용은 열에 의해서도 촉진되는데 이를 고온 연화라고 합니다. 불을 사용해 조리한 화식이 날것 그대로 먹는 생식에 비해 더 높은 소화 흡수율을 보이는 것은 바로 이 고온 연화 작용 덕분입니다. 열을 가하면 얼음이 녹듯, 탄수화물이나 단백질의 단단한 고분자 결합이 분해되면서 분자의 크기는 점차 줄어드는 것이지요.

결론적으로 튀김이 맛있게 느껴지는 이유는 지방 같은 영양분이 풍부하고, 여기에 더하여 가열되는 과정에서 식재료의 조직이 연화되기 때문입니다. 연화 작용을 거친 식재료는 한층 더 부드러워져서 우리 몸이 소화 흡수하기 좋은 요리로 탈바꿈합니다.

《요리 본능》의 저자 리처드 랭엄에 따르면 인류의 진화에는 화식이 큰 영향을 미쳤다고 합니다. 화식을 하게 된 인류는 필요 영양분을 더 효율적으로 섭취할 수 있게 되었고, 이러한 이점을 바탕으로 다른 동물들을 제치고 경쟁 우위에 서게 되었다는 것입니다. 한편 또 다른 진화학자들은 인류가 화식을 시작하고 나서 소화 흡수율이 좋아진 덕분에 소화 흡수 기관인 장의 크기가 점차 줄어들었다고 주장합니다. 또한 여분의 에너지가 뇌의 발달에 이용된 덕분에 뇌의 용적이 점차 커지게 되었다고 합니다. 이처럼 인류의 진화에 크게 기여한 연화 작용은 요리를 더 맛있게 만들어 주는 것 이상으로, 우리를 더 인간답게 만들어 준다고 볼 수 있습니다.

마이야르 반응,
세상에 없던 풍미를 만들다

앞서 튀김의 표면은 왜 바삭한지, 그리고 고온의 조리를 거치고도 속살은 어떻게 부드러울 수 있는지 살펴보았습니다. 하지만 튀김의 매력은 '겉바속촉'에만 있는 것이 아닙니다. 튀김 애호가라면 누구나 잘 알고 있을 것입니다. 튀김 요리를 한 입 베어물면 얼마나 다채로운 풍미를 느낄 수 있는지 말입니다. 이 풍미들이 없다면 온전한 튀김이라고 하지 못할 것입니다. 여기서 풍미라는 것은 맛이라는 미각적 경험과 냄새라는 후각적 경험을 함께 아우르는 용어입니다.

우리가 흔히 '불 맛'이라고 표현하는 풍미는 고온에서 조리된 요리에서만 느낄 수 있는 독특한 것입니다. 특히 굽거나 튀긴 요리에서 주로 만끽할 수 있지요. 불 맛은 어떤 한 가지 맛이라기보다 다양한 맛이 조합되고 여기에 풍부한 향까지 가미된 복합적 감각입니다.

과연 이런 풍미는 어떻게 만들어지는 것일까요? 그저 강한 화력만 마련하면 되는 것일까요? 아닙니다. 저마다의 풍미를 만드는 1차적 원인으로 식재료 그 자체를 들 수 있습니다. 요리의 기본은 좋은 식재료에서 출발하기 때문입니다. 하지만 식재료만으로 그 모든 풍미를 설명해 내기에는 부족합니다. 실제로 우리가 경험하는 요리의 풍미는 원재료만으로는 도저히 느

148

낄 수 없는 맛과 향들의 복합체이니까요. 그렇다면 풍미의 탄생에는 과연 어떤 비밀이 숨어 있을까요?

잘게 쪼갤수록 맛이 잘 느껴진다

대부분의 음식은 유기물로 구성되어 있습니다. 유기물이란 생명이 있는 것들로부터 유래된 물질인데 탄소, 산소, 질소 등으로 구성되어 있습니다. 그리고 유기물을 좀 더 큰 단위로 분류해 본다면 탄수화물, 단백질, 지방과 같은 영양소로 구분할 수 있습니다. 그래서 우리가 무언가를 '섭취한다'고 표현할 때 이 영양소 단위를 기준으로 삼기도 합니다. 우리가 어떤 음식을 먹으면 그 음식은 쪼개지고 쪼개져서 영양학적 최소 단위로 분해되니까요. 그래서 "탄수화물을 섭취한다" "단백질을 섭취한다" "지방을 섭취한다"라고 표현할 수 있는 것입니다.

그럼 우리가 느끼는 풍미는 이 영양소들이 만들어 낼까요? 결론부터 말하면 그럴 수도 있고 아닐 수도 있습니다. 미각을 예로 들어 볼까요? 우리가 맛을 느끼는 과정은 이렇습니다. 어떤 물질이 혀의 표면에 있는 미뢰(맛봉오리) 조직을 자극하면 이 자극은 전기적 신호로 변환되어 뇌에 전달됩니다. 이때 미뢰를 자극하여 맛을 느끼게 하는 물질을 정미 성분Taste Compound이라고 합니다.

하나의 미뢰는 약 100개의 미각 세포로 구성되어 있습니다. 우리가 맛을 느낄 수 있는 것은 정미 성분이 타액(침)에 용해되어 이 미각 세포들을 자극하기 때문입니다. 미각 세포에는 화학 수용체가 있어 단맛, 짠맛, 감칠맛 등 각각의 정미 성분과 맞춤식으로 반응할 수 있습니다. 예를 들어, 단맛을 느끼는 수용체는 당류인 포도당, 과당과 반응합니다. 짠맛은 나트륨 이온과 반응하고, 감칠맛은 아미노산의 일종인 글루탐산, 이노신산과 반응합니다. 그런데 이 정미 성분의 크기는 모두 작다는 공통점이 있습니다.

만약 정미 성분의 크기가 너무 크다면 타액에 용해되기 어려울 뿐 아니라 미뢰의 미각 세포에 접근하는 데에도 어려워집

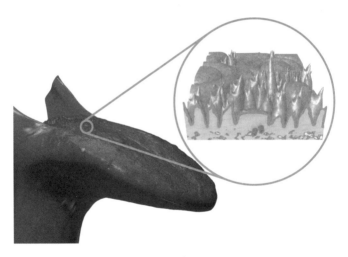

혀와 맛봉오리
맛봉오리는 미각 세포와 지지 세포로 이루어져 있으며 모습은 마치 꽃봉오리를 닮았다. 과거에는 인간의 혀에 짠맛, 단맛, 쓴맛, 신맛을 강하게 느끼는 부위가 따로 있다고 여겨졌으나 이는 과학적 근거가 부족하다. 실제로 이 맛들을 가장 잘 느끼는 부분은 혀끝이다.

니다. 그러면 미각 세포는 그 맛을 제대로 느끼지 못할 수 있지요. 그러므로 어떤 맛을 제대로 느낄 수 있으려면 그와 관련된 정미 성분들의 크기가 미각 세포보다 작아야만 합니다.

종이를 씹는다고 상상해 볼까요? 그 맛이 느껴질까요? 물론 계속 씹다 보면 어떤 맛이 나기는 할 테지만 거의 느끼지 못할 것입니다. 우리는 종이 그 자체의 맛을 제대로 알 수 없습니다. 왜냐하면 종이의 주성분이자 우리가 흔히 섬유질이라고 부르는 셀룰로오스Cellulose는 고분자이기 때문입니다.

탄수화물과 단백질 또한 고분자입니다. 따라서 그 자체로는 미각 세포를 제대로 자극할 수 없습니다. 탄수화물, 단백질이 가진 본연의 맛을 우리는 제대로 느낄 수 없는 것입니다. 그렇다면 음식을 먹을 때 느껴지는 맛은 무엇으로부터 기인한 것일까요?

어떤 음식의 맛을 느끼려면 그 음식에 포함된 탄수화물, 단백질 등의 영양소가 보다 작은 단위로 쪼개져야 합니다. 탄수화물은 아밀라아제 효소나 장내 박테리아의 작용으로 더 작은 크기로 쪼개집니다. 포도당, 과당, 갈락토스 등 가장 최소 단위인 단당류로 말이죠. 이런 단당류 2개가 결합하면 이당류가 되는데, 예를 들어 설탕은 포도당과 과당이 결합된 물질입니다. 탄수화물을 오래 씹으면 약간의 단맛이 나는데 그 이유는 입안에서 일부 탄수화물이 단당류와 이당류로 분해되기 때문입니다.

단백질 또한 그 자체로는 맛을 느낄 수 없습니다. 고기를 먹을 때 느껴지는 맛은 단백질 본연의 맛이라기보다는 단백질이 분해되어 생성된 더 작은 성분의 맛입니다. 생고기를 씹는 것과 불에 구운 고기를 씹을 때의 맛 차이는 바로 이 때문입니다. 후자의 맛이 압도적으로 좋죠.

재료에 포함된 탄수화물, 단백질 등의 영양소는 가열하고 조리되는 과정에서 활발하게 분해됩니다. 그리고 이렇게 생겨난 다량의 성분, 즉 정미 성분들이 조합되어 그 요리만의 특징적인 맛을 만들어 냅니다.

맛보다 향이 중요하다

풍미는 미각과 후각의 조화입니다. 실제로 우리가 맛을 느낄 때에는 미각보다 후각의 작용이 훨씬 큰 비중을 차지합니다. 만약 요리가 향을 내지 않는다면 우리는 그저 단맛, 짠맛, 신맛, 쓴맛, 감칠맛, 기본적인 5가지 맛만 느끼게 될 뿐입니다. 어떤 요리를 대표하는 독특한 풍미는 대부분 향에 의해 결정되니까요. 우리가 감각할 수 있는 향의 종류는 수천 가지에 이릅니다.

이 향 성분들은 식재료를 가열하는 과정에서 대량으로 만들어집니다. 원재료에서는 느낄 수 없던 새로운 향들이 만들어지는 것이지요. 이는 마이야르 반응 때문입니다. 이 명칭은 1912년 이 현상을 최초로 발견한 프랑스의 화학자 루이스 카밀 마이야르Louis Camille Maillard의 이름에서 유래되었습니다.

식재료를 가열하면 탄수화물이 분해되어 당류가, 단백질이 분해되어 아미노산이 생성됩니다. 이 당류와 아미노산이 여러 반응을 거쳐 다양한 물질로 변환되는 현상을 마이야르 반응이라고 합니다. 아미노산의 아미노 기능기와 당류의 카르보닐Carbonyl 기능기 사이에 반응이 일어나기 때문에 아미노-카르보닐 반응이라고도 부릅니다.

마이야르 반응으로 인해 생성되는 물질은 현재까지 발견된 것만 약 1000종에 달합니다. 그야말로 가능성이 무궁무진한 반응인 것이지요. 고온으로 조리하는 대다수의 요리는 이 반응을 이용하여 독창적인 풍미를 만들어 냅니다. 서양식 기본 소스인 데글라이즈Deglaze 또한 이 반응을 적극 활용한 것입니다. 이 소스는 팬에 고기를 볶은 후 남은 찌꺼기에 와인 등을 부어 만듭니다. 즉 고기를 볶을 때 만들어진 맛있는 정미 성분

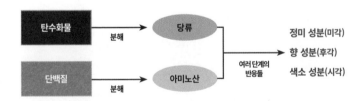

마이야르 반응의 메커니즘
식재료를 고온에서 조리하면 여기에 포함되어 있는 탄수화물과 단백질은 각각 당류와 아미노산으로 분해된다. 이후 여러 단계의 반응을 거치면서 이 당류와 아미노산은 다양한 화합 물질을 만들어 낸다.

들과 향 성분들을 남김없이 활용할 수 있지요. 스테이크를 구운 후 팬에 남은 육즙을 이용해 소스를 만드는 것도 이와 같은 원리입니다.

　튀김의 풍미도 마찬가지입니다. 고온의 기름에서 튀겨지고 익혀지는 동안 원재료에는 없는 다양한 풍미가 완성되는 것입니다.

데글라이즈
고기를 굽거나 볶은 후 팬에 남은 성분에 와인, 육수, 물, 우유 등을 넣어 소스를 만드는 기술을 데글라이즈라고 한다. (출처: 위키피디아)

마이야르 반응을 촉진하려면?

하지만 마이야르 반응이 항상 고온에서만 일어나는 것은 아닙
니다. 매우 드물게 저온에서 일어나기도 합니다. 된장이나 간장
같은 발효 식품은 바로 이 저온 마이야르 반응을 이용한 것입
니다. 하지만 이런 예외 상황을 제외하면 마이야르 반응에 있어
가열은 필수입니다. 게다가 재료를 태우지 않는 선이라면 화력
은 화끈할수록 풍미가 더해집니다. 고온에서는 화학 반응 속도
가 더 빨라지니까요.

　화력뿐 아니라 수분의 양도 중요합니다. 식재료를 가열하
면 수분의 기화가 촉진되는데, 이때 재료의 표면이 건조해질수
록 당류와 아미노산은 더욱 농축되어 서로 반응을 일으킬 확률
이 높아집니다. 화학 반응이 일어나려면 반응 물질이 서로 가
까워야 하는데 농축된 상태에서는 당류와 아미노산의 거리도
줄어들기 때문입니다. 그렇다고 온도를 계속 올리기만 하면 열
분해Pyrolysis가 심하게 일어날 수 있으니 유의해야 합니다. 즉
재료가 타 버릴 수 있으니 조심해야 한다는 뜻이지요.

　만약 식재료에 수분이 많이 함유되어 있다면 일반적인 방
식으로 가열해서는 마이야르 반응을 일으킬 만한 온도에 도달
할 수 없습니다. 수분이 기화되면서 열에너지를 계속 흡수하는
바람에 재료의 온도가 100℃ 이상 올라가기 어렵기 때문입니
다. 그러므로 보다 더 강한 불로 가열하는 특별한 조리법이 필

요합니다.

삶은 요리보다 구운 요리가 더 맛있고, 집에서 만든 요리보다 전문 매장에서 만든 요리가 더 맛있는 이유도 강력한 화력에 있습니다. 요리 전문점에서 사용하는 조리 기구는 매우 강력합니다. 가정용 가스레인지의 화력은 약 4KW 수준이지만 업소용은 그 몇 배에 달합니다. 그러므로 가정에서 일반적인 팬 프라잉 조리법으로 충분한 마이야르 반응을 일으키고 싶다면 키친타월을 이용해 재료 표면의 수분을 제거해야 합니다. 그러면 재료 표면이 보다 빨리 건조되어 온도를 100℃ 이상 올릴 수 있습니다.

튀김은 보통 170℃ 이상의 기름으로 조리합니다. 그래서 튀김옷은 화학 반응이 촉진되고 당류와 아미노산의 농축이 활발해져 마이야르 반응이 잘 일어납니다. 하지만 튀김옷 속은 여전히 수분이 많아 마이야르 반응이 잘 일어나지 않는 대신 촉촉함을 간직할 수 있는 것입니다.

마이야르 반응은 요리에 풍미를 더해 줄 뿐 아니라 요리에 먹음직스러운 갈색을 입혀 줍니다. 마이야르 반응을 거치면 갈색의 색소 성분이 생성되는 것입니다. 식재료의 표면이 갈색으로 변하는 것을 갈변 현상이라고 하는데, 이는 효소적 갈변 현상과 비효소적 갈변 현상으로 나눌 수 있습니다. 껍질을 깎은 사과가 갈색으로 변하는 것은 효소적 갈변 현상의 대표적인 예이고, 마이야르 반응은 비효소적 갈변 현상의 예입니다.

달콤하게 타 버렸다, 캐러멜화 반응

튀김의 맛깔스러운 갈색을 만들어 주는 데에는 마이야르 반응뿐 아니라, 이름 자체도 달달한 캐러멜화 반응도 한몫합니다. 말랑말랑 달콤한 캐러멜은 설탕이나 엿을 가열한 후 농축해서 만드는데 이때 캐러멜화 반응이 작용합니다.

식재료를 가열하면 탄수화물이 다당류로 분해됩니다. 그러고는 설탕과 같은 이당류로 분해된 뒤 마지막으로 포도당과 같은 단당류로 최종 분해됩니다. 이렇게 생성된 당류들은 이후 열분해에 해당하는 추가 반응을 거쳐 갈색 물질로 변하는데 이 물질이 바로 캐러멜입니다. 만약 재료를 너무 오랫동안 가열하면 생성된 캐러멜마저 분해되어 증발하고 탄소 덩어리만 남게 되는데 우리는 이것을 '새까맣게 타 버렸다'고 하지요.

캐러멜화 반응 또한 마이야르 반응과 마찬가지로 건식 조리 환경에서 잘 일어납니다. 재료에 수분이 많으면 그 수분이 기화하면서 계속 열에너지를 흡수해 버리기 때문에 캐러멜화 반응에 필요한 충분한 온도에 도달할 수 없습니다. 하지만 튀김은 건식 조리의 일종이므로 비교적 캐러멜화 반응이 잘 일어납니다.

한편 캐러멜 성분들 중에는 단맛을 내는 것 외에 휘발성 물질도 많이 포함되어 있습니다. 대표적으로 버터 향이 나는 디아세틸Diacetyl, 땅콩 향이 나는 퓨란계Furans 화합물, 구수한 향이 나는 말토오스Maltose 등이 있습니다. 이들이 바로 캐러멜 고유의 향의 주인공입니다. 커피콩을 로스팅하면 할수록 점점 갈색을 띠면서 특유의 향과 맛이 살아나는 이유도 여기에 있습니다.

갈색이 발현된다는 점만 보면 캐러멜화 반응과 마이야르 반응은 쉽게 구별되지 않습니다. 하지만 두 반응의 메커니즘은 확연하게 다릅니다. 마이야르 반응이 일어날 때에는 탄수화물과 단백질이 모두 관여하지만, 캐러멜화 반응에는 오로지 탄수화물만 필요하기 때문입니다.

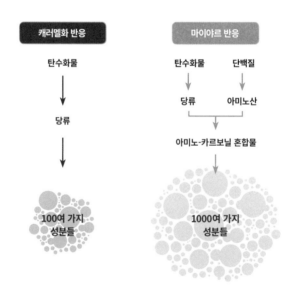

캐러멜화 반응과 마이야르 반응의 메커니즘
캐러멜화 반응에는 오로지 탄수화물만이 관여하여 100여 가지의 성분이 만들어진다. 반면 마이야르 반응에는 탄수화물뿐 아니라 단백질도 관여하며 생성되는 성분도 1000여 가지에 이른다.

그런데 튀김옷에는 탄수화물과 단백질이 많이 포함되어 있습니다. 따라서 튀김 표면이 먹음직스러운 갈색으로 변하는 현상은 마이야르 반응과 캐러멜화 반응, 모두의 결과물입니다. 갓 튀겨진 요리에서 노릇노릇 갓 구워진 빵의 풍미를 느꼈다면 이는 캐러멜화 반응 덕분입니다.

튀김의 세계에 불가능이란 없다
: 과일 튀김, 아이스크림 튀김, 고중력 튀김

과일, 말리지만 말고 튀겨도 보자

베트남, 태국 등 동남아시아 국가를 여행하다 보면 여러 과일을 튀긴 요리를 쉽게 맛볼 수 있습니다. 과일은 그냥 먹어도 맛있지만 기름에 튀기면 또 다른 풍미가 더해집니다.

그런데 수분이 많은 과일을 기름에 튀겨도 괜찮을까요? 과일의 연약한 육질이 파괴되지 않을까요? 게다가 비타민처럼 유익한 성분들은 열에 매우 취약하다고 알려져 있습니다. 단시간에 고온의 열을 가할 수 있는 튀김의 장점이 과일과 같은 재료에게는 오히려 단점으로 작용할 수도 있습니다.

그래서 과일 튀김은 다른 식재료에 비해 더 낮은 온도에서 매우 짧은 시간 동안 조리됩니다. 과일 조직의 파괴를 최소화하기 위해서입니다. 그런데 진공 튀김Vacuum Frying이라는 첨단 기술이 개발되었습니다. 이것은 낮은 기압을 유지한 용기 안에서 식재료를 튀겨 내는 기술로, 흔히 '진공 저온 유탕기법'이라고도 부릅니다. 일반적인 튀김 온도인 170℃보다 훨씬 낮은 80℃ 내외에서도 튀길 수 있기 때문에 이런 명칭이 붙었습니다.

기압이 낮아지면 액체의 끓는점 또한 낮아집니다. 액체가 끓기 위해서는 액체가 기화되는 힘인 증기압과 공기가 누르는 힘인 대기압이 서로 같아져야 하는데, 기압이 낮아지면 낮은 증기압에서도 끓을 수 있기 때문입니다. 즉 기압이 낮아지면 더 적은 열에너지로도 액체를 끓일 수 있게 됩니다. 물의 끓는점은 1기압에서 100℃이지만 0.5기압에서는 80℃까지 떨어집니다.

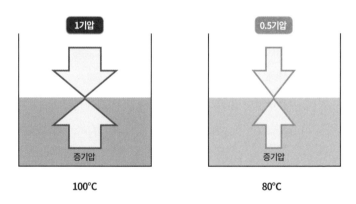

기압과 물의 끓는점
1기압 조건에서는 100℃까지 가열해야 물의 증기압이 대기압과 같아진다. 하지만 0.5기압 조건에서는 80℃까지 가열해도 물의 증기압이 대기압과 같아진다. 다시 말해 기압이 낮아지면 물의 끓는점 또한 낮아진다.

이는 KFC의 창업자, 커널 샌더스의 압력 튀김기를 살펴볼 때 확인했던 원리입니다.

진공으로 튀기는 기술을 이용하면 기름의 끓는점이 낮아집니다. 그러면 낮은 온도에서도 기름의 대류가 활발하게 일어날 수 있지요. 열적 대류가 활발해지면 식재료 구석구석 효율적으로 열전달이 가능합니다. 결국 일반 튀김 조리에 비하면 낮은 온도임에도 불구하고 비교적 짧은 시간 안에 조리가 가능한 것입니다.

본래 이 기술은 낮은 품질의 감자를 대량으로 튀길 목적으로 개발되었습니다. 감자를 장기간 저장하면 품질이 나빠져서 고온으로 조리하면 조직이 파괴되는 등 열적 변성이 잘 일어납니다. 하지만 진공으로 튀기는 기술이 도입되면서 이런 문제가 상당 부분 해소되었습니다. 게다가 장점은 이뿐이 아닙니다. 고온 조리 과정에서 발생하는 유해 물질, 아크릴아미드의 생성을 줄일 수 있는 것입니다. 아크릴아미드는 단백질을 구성하는 아미노산의 일종인 아스파라긴산Asparaginic Acid과 탄수화물을 구성하는 당류가 반응하여 생성됩니다. 이때 160℃ 이상의 고온 조리에서 주로 발생하기 때문에 그보다 낮은 온도에서 조리하면 그만큼 생성량을 줄일 수 있는 것입니다.

'겉따속차' 아이스크림 튀김

저는 아이스크림 튀김을 처음 보았을 때의 그 경이로움을 아직
도 잊지 못합니다. 바삭한 겉과 촉촉한 속의 조화를 뛰어넘는
이질감의 향연이었으니까요. 뜨거운 튀김 속에 차가운 아이스
크림이라니! 어떻게 아이스크림이 뜨거운 기름 속에서도 녹지
않고 바삭한 튀김옷 속에서 안전할 수 있었을까요? 하지만 그
비밀은 의외로 간단합니다.

먼저 평범한 아이스크림을 한 스푼 듬뿍 퍼서 표면에 카스
텔라 가루나 빵가루를 묻힙니다. 그리고 나서 이것을 냉동실

최초의 아이스크림 튀김
아이스크림 튀김이 최초로 소개된 1893년 시카고 만국 박람회 모습. 아이스크림 튀김은
약 200℃ 온도에서 10초 이내에 조리를 완료해야 한다.

에 넣어 얼린 후 밀가루, 달걀, 물을 섞어 반죽하여 만든 튀김옷을 입힙니다. 그런 다음 기름에 넣고 튀기기만 하면 됩니다. 평범한 튀김 조리와 다를 바가 없지요? 다만 재료 속까지 익힐 필요가 없으니(그러면 당연히 아이스크림이 녹을 테니까요!) 겉면의 튀김옷만 튀겨질 정도로 순식간에 조리를 마칩니다.

사실 아이스크림 튀김이 만들어지는 과정은 그다지 새로울 것이 없습니다. 다만 그 비결이라면 튀김옷을 반죽하는 과정에서 생기는 글루텐 성분과 전분의 호화 반응으로 인해 만들어진 보호막입니다. 이 보호막이 튀김옷을 바삭하게 튀기고 뜨거운 기름이 아이스크림 속으로 침투해 들어오는 것을 막아 주는 것입니다.

우주인의 최애 메뉴, 고중력 튀김

언젠가 영화 〈마션〉을 보다가 엉뚱한 상상을 하게 되었습니다. 극중에서 배우 맷 데이먼이 연기한 주인공 마크 와트니는 화성에 혼자 남겨지고 말았지요. 그래서 살아남는 데 필요한 식량을 생산하기 위해 감자 농사를 지었습니다. 그런데 2017년 일론 머스크가 이끄는 기업 스페이스X는 훗날 화성에 100만 명을 이주시키겠다고 발표했습니다. 언젠가 인류가 화성에 진출해 가축도 기르고 농사도 지어서 다양한 식재료를 생산한다면 금상첨화겠지요.

하지만 일부 과학자들은 화성 거주민의 주식으로 '곤충'이 효율적이라는 의견을 내놓았습니다. 곤충은 키우는 데 어렵지 않고, 많은 자원을 소모하지도 않으며, 열량도 높기 때문입니다. 게다가 우리가 앞서 살펴본 것처럼, 인류는 원시 시대부터 곤충을 즐겨 먹었으니까요(우리가 튀김의 바삭한 식감을 좋아한다는 가설이 여기서 비롯되었지요).

기왕에 우주인들이 곤충을 주식으로 삼아야 한다면 바삭바삭 기름에 튀기면 더 맛있게 즐길 수 있지 않을까요? 그런데 잠깐, 우주에서 튀기는 조리가 가능하기는 할까요? 우리가 무언가를 기름에 튀기려면 열에 의한 대류 현상이 반드시 필요합니다. 대류란 액체나 기체의 열전달 메커니즘을 일컫는데, 자연 대류와 강제 대류로 구분할 수 있습니다. 자연 대류는 말 그대로 인위적인 작용 없이 자연적으로 일어나는 대류 현상으로 중력이 존재하는 환경에서만 가능합니다.

대류 현상을 좀 더 자세히 살펴볼까요? 액체나 기체가 가열되면, 열원으로부터의 상대적 위치에 따라 각 부분들의 온도가 서로 달라지면서 밀도의 차이가 생깁니다. 즉 가열되는 지점으로부터 가까운 곳은 뜨거운 반면 먼 곳은 비교적 차가워집니다. 그런데 액체나 기체는 온도가 올라가면 팽창하여 밀도는 낮아지고, 온도가 내려가면 수축하여 밀도가 높아집니다. 이 밀도의 차이는 부력의 차이를 야기합니다. 즉 열원으로부터 가까운 부분은 밀도가 낮아져 위로 상승하고, 상대적으로 온도가 낮은 부분은 아래로 가라앉게 되지요. 이러한 현상이 바로 자연 대류입니다.

이런 대류 현상이 있어야 기름에 재료를 넣었을 때 열이 골고루 전달되어 익고 튀겨질 수 있는 것입니다. 반대로 대류 현상이 일어나지 않으면 재료는 익지도 않고 튀겨지지도 않으므로 튀김이 완성될 수 없지요.

그런데 중력이 없는 공간, 즉 우주 공간에서는 가열된 액체나 기체의 각 부분에서 밀도 차이에 따른 부력이 발생하지 않습니다. 부력이란 중력에 대항하여 떠오르고자 하는 힘을 의미하므로, 중력이 없으면 부력이라는 개념 자체가 성립하지 않기 때문입니다. 그러므로 우주 공간에서는 자연적인 대류 현상이 일어날 수 없습니다.

한편 인위적인 요인에 의해 강제적으로 발생되는 대류를 강제 대류라고 합니다. 예를 들어 가열되는 부위가 위쪽에 있는 공간에서 대류를 발생시키려면 선풍기를 이용해 뜨거운 공기를 강제로 아래로 밀어내야만 합니다.

결국 우주와 같은 무중력 환경에서 튀김을 만들기란 사실상 불가능합니다. 중력이 없으면 기름이 응집된 상태로 유지되기 어려울 뿐 아니라, 열에 의한 자연 대류가 발생하지 않기 때문입니다. 물론 밀폐된 공간 안에 기름을 넣고 강제 대류를 시키면 어느 정도 튀기는 조리가 가능할 수도 있을 것입니다. 하지만 이는 매우 불편한 방법이 아닐 수 없으며 곤충도 골고루 익거나 튀겨지지 않을 것입니다.

그럼 반대로 무중력 환경이 아니라 지구보다 중력이 강한 환경에서는 튀김 만들기가 가능할까요? 최근 유럽우주기구ESA 가 실시한 실험 결과에 따르면, 중력이 강하게 작용할수록 튀김은 더욱 바삭해진다고 합니다. 이를 위한 최적의 조건은 지구 중력의 약 3배 강한 환경입니다. 중력이 지구보다 3배 강할 때 가열된 기름의 자연 대류 현상이 가장 활발하기 때문입니다. 그렇다면 곤충 튀김 전문점을 지구보다 크기가 작은 화성

자연 대류의 메커니즘
가열된 액체의 각 부분들 간에는 온도 차이가 발생한다. 그리고 이로 인한 밀도의 차이도 발생한다. 가열되어 밀도가 낮아진 액체는 위로 상승하고, 식어서 밀도가 높아진 액체는 아래로 하강한다.

166

이 아니라, 목성이나 토성에 개업해야 대박을 치겠네요! 물론 그러려면 인류가 화성을 넘어 목성과 토성에도 진출해야 하는 과제가 우선이겠지만요.

4장

기름은
튀김의 친구인가 적인가

나는 요리에 대해
진지하게 생각하지 않는 사람들을 참을 수 없다.

오스카 와일드Oscar Wilde
(1854~1900, 아일랜드 극작가)

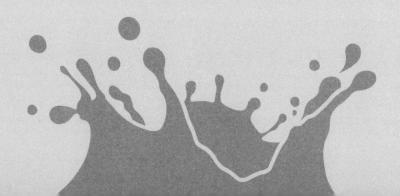

튀김 맛의 절반은 기름 맛

최근에 저는 '에어 프라이어Air Fryer'를 한 대 구입했습니다. 기름
걱정 없이 튀김을 손쉽게 즐길 수 있다는 홍보 문구가 인상적이
었습니다. 사실 튀김 요리를 한 번 하고 나면 기름이 사방으로
튀어 주방 곳곳이 미끌미끌해져서 골치가 아픕니다. 게다가 사
용하고 남은 기름 처리는 왜 그리 까다로운지. 그런데 이제는
간편하게 스위치만 누르면 튀김을 즐길 수 있게 된 것입니다.

하지만 에어 프라이어로 완성한 튀김을 먹으면서 문득 이
런 의구심이 들었습니다. 분명 생김은 튀김과 유사합니다. 식
감과 풍미도 그럭저럭 훌륭합니다. 하지만…… 뭔가 2% 부족
하다는 생각을 떨쳐 버릴 수 없었습니다. 튀김의 정의를 떠올

171

려 보았습니다. '식재료가 잠길 정도로 충분히 많은 양의 고온의 기름을 사용하여 단시간 내에 익혀 내는 조리법' 그리고 보니 에어 프라이어에 부족한 것이 하나 있군요. 그것은 바로 기름입니다.

튀김만의 독특한 식감과 풍미를 제대로 느끼려면 반드시 기름에 넣고 튀겨야 합니다. 그래서 에어 프라이어를 이용하더라도 재료 겉면에 기름을 바르면 더 맛있게 조리할 수 있다는 레시피도 있지요. 그만큼 기름 맛은 튀김의 절대적인 매력 포인트 중 하나인 것 같습니다.

기름이란 무엇일까요? 아니, 그보다는 '유지란 무엇일까요?'라는 질문이 더 적절할 것입니다. 앞서 1장에서 튀김 요리에 사용되는 기름의 경우 식용 유지 또는 유지라는 용어를 사용하는 것이 더 적절하다고 설명한 바 있습니다. '유'는 상온에서 액체 상태인 식물성 유지를 의미하고, '지'는 상온에서 고체 상태인 동물성 유지를 의미합니다. 그렇다면 우리가 흔히 알고 있는 기름은 액체 상태이므로 '유'가 맞을까요? 물론 맞습니다만 여기에는 다소 차이가 있습니다. 기름은 유를 포함하는 더 상위의 개념으로, 물과 잘 섞이지 않는 액체 상태의 물질 모두를 의미합니다. 여기에는 식물성 유지뿐 아니라 석유와 같은 광물성 기름도 포함됩니다. 한편 고체 상태인 동물성 유지도 가열하여 녹이면 기름이라 부르지요.

과거 튀김 요리에는 그 독특한 풍미 때문에 주로 돈지와

172

동물성 유지
식물성 유지의 일종인 올리브유는 불포화 지방산의 함량이 높아 액체 상태인 반면, 동물성
유지의 일종인 돼지비계, 즉 돈지는 포화 지방산 함량이 많아 고체 상태다.

같은 동물성 유지가 사용되었습니다. 그러나 최근에는 건강에
덜 해로운 식물성 유지가 주로 사용됩니다. 전 세계에서 생산
되는 식용 유지 가운데 약 70%가 식물성 유지입니다.

그중에서도 팜유의 생산량이 가장 많은 비중을 차지합니
다. 팜유는 기름야자라고도 불리는 팜 나무의 열매를 찐 다음
압착하여 얻을 수 있는데 생산량이 많아 수급이 매우 안정적입
니다. 또한 다른 유지에 비해 산화 안정성이 높아 상대적으로
보관이 용이하고 특유의 고소한 풍미도 가지고 있어 산업적인
가치도 매우 높습니다.

팜유는 일반적인 식물성 유지와 달리 상온에서 반고체 상태입니다. 그 이유는 포화 지방산 함량이 상대적으로 높기 때문입니다. 반면에 대부분의 식물성 유지는 불포화 지방산이 더 많이 들어 있어 상온에서 액체 상태입니다.

팜유의 산화 안정성이 뛰어난 이유는, 팜유에 많이 들어 있는 포화 지방산이 불포화 지방산에 비해 반응이 잘 일어나지 않는 특성을 가졌기 때문입니다. 이 원리를 이용하면 다른 식물성 유지들의 산화 안정성을 높일 수도 있습니다. 대표적인 예가 식물성 마가린입니다. 식물성 마가린은 화학 반응을 통해 식물성 유지의 불포화 지방산을 포화 지방산으로 전환시킴으로써 액체 상태였던 식물성 유지를 안정적인 고체 상태로 변화시킨 것입니다.

팜유의 원료, 팜 열매
팜유를 추출하는 팜 열매의 또 다른 이름은 기름야자다. 팜 나무는 서아프리카가 원산지이고 주로 인도네시아, 말레이시아에서 재배된다.

기름이나 유지 이외에도 조금 더 학문적인 용어로 지질 Lipid과 지방Fat이 있습니다. 이는 유지의 화학적 구조 및 성질과 관련된 용어입니다. 지질은 물에는 잘 녹지 않으나 벤젠, 핵산과 같은 유기 용매에는 잘 녹는 생체를 구성하는 물질을 의미합니다. 즉 수용성 물질과는 대립하는 개념으로 지용성 물질을 이르는 용어인 것입니다.

지방은 지질의 한 종류로 3개의 지방산Fatty Acid과 하나의 글리세롤Glycerol이 결합되어 트라이글리세라이드Triglyceride라는 구조를 형성하는 화합물입니다. 또한 지방산은 여러 개의 탄소 원자가 사슬 모양의 분자 골격을 이루고 그 끝에 카르복실 Carboxyl이라는 산성의 기능기가 붙은 화합물입니다. 지방산은 지방을 분해하면 얻을 수 있는 산성의 물질이라는 의미에서 지방산이라 불리고 있습니다.

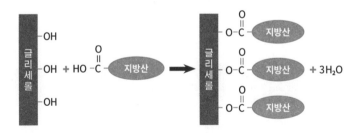

지방의 분자 구조
지방은 글리세롤 1분자와 지방산 3분자가 반응하여 트라이글리세라이드 구조를 형성하여 만들어진다. 지방산은 여러 개의 탄소 원자가 결합하여 긴 사슬의 형태를 이룬다. 예를 들어 지방산 가운데 하나인 스테아르산Stearic Acid의 경우 모두 18개의 탄소 원자로 구성된다.

어려운 용어들이 계속 튀어나오기 때문에 어렵게 느껴질 수도 있습니다. 하지만 차근차근 정리해 보면 기름의 정체를 더 정확하게 파악할 수 있습니다. 먼저 기름은 물에 녹지 않는 액체 상태의 지용성 물질을 의미합니다. 지질은 지용성 물질들 가운데 생체를 구성하는 것에 한정합니다. 유지는 이 지질에 포함됩니다. 지방은 유지 중에서도 트라이글리세라이드라는 특정한 분자 구조 형태인 것을 말하며, 동물성 유지와 식물성 유지는 대부분 이 지방으로 구성됩니다.

물론 튀김에 대해 말할 때 기름이라는 용어를 사용한다고 해서 반드시 틀렸다고 할 수는 없습니다. 하지만 유지가 더 정확한 용어라는 사실을 한 번 더 강조하고 싶습니다. 이 책에서는 혼동의 여지가 없다면 유지와 기름이라는 용어를 혼용해 사용했습니다. 하지만 좀 더 정확한 설명이 필요한 경우 유지와 기름을 구별하였고, 지방 또는 지질이라는 용어도 사용했습니다.

식용 유지가 만들어지는 과정

지금은 찾아보기 힘들지만 불과 몇 년 전까지만 해도 동네 시장에는 방앗간이 있었습니다. 그 앞을 지나가면 고소한 향이 코를 찌르고 입안에 침이 고이곤 했지요. 볶은 참깨를 압착해서 참기름을 짜낼 때 나는 향이었습니다. 식용 유지가 만들어지는 공정도 참기름을 짜는 것과 비슷합니다. 크게 전처리, 추출, 정제의 3단계로 구분할 수 있습니다.

대두유 등 일반적인 유지를 생산하는 데 가장 많이 활용되는 용제 추출법 과정

① **전처리**: 선별 ➡ 파쇄 ➡ 열처리

② **추출**: 용해 ➡ 분별 증류

③ **정제**: 탈검 ➡ 탈산 ➡ 탈색 ➡ 탈취

가공성을 높이는 전처리 공정

공정에 투입되기 전 종자에는 여러 불순물이 섞여 있기 때문에 가벼운 불순물들은 바람을 이용해 제거하고 금속성 불순물은 전자석을 이용해 제거합니다. 그러고 나서 종자를 분쇄한 후 뜨거운 증기로 열처리하여 종자의 세포벽을 파괴합니다. 그러면 이후 공정에서 유지를 뽑아내기가 더 수월해집니다. 이러한 일련의 공정을 전처리라고 합니다.

유지를 뽑아내는 추출 공정

전처리가 끝난 종자에서 본격적으로 유지를 뽑아내는 단계를 추출이라고 합니다. 여기에는 용출법Rendering, 압착법Pressing, 용제 추출법Solvent Extraction 등이 활용됩니다.

용출법은 돈지, 우지와 같은 동물성 유지를 추출하는 데 주로 사용됩니다. 우선 동물의 지방 조직을 분리한 후 잘게 분쇄합니다. 그리고 나서 뜨거운 증기로 처리하면 물과 지방층으로 분리되는데, 이 지방층을 필터로 걸러 고형분을 제거하고 액체 상태만 남깁니다. 그런 다음 원심 분리기를 이용해 2차로 분리하면 동물성 유지가 최종적으로 얻어집니다. 이러한 습식 처리법 외에 지방에 직접 열을 가해 녹여서 얻는 건식 처리법도 있습니다.

압착법은 올리브처럼 상대적으로 유지 함량이 높은 종자

올리브유의 생산
고온에서의 열적 변성을 방지하기 위해 저온 압착 방식으로 생산되는 것이 버진 올리브유이다. 그리고 이중에서 산도가 1% 이하이며 맛과 향이 가장 뛰어난 최상급이 엑스트라 버진 올리브유이다.

에 주로 사용되는데, 여러 번 압력을 가해 유지를 추출하는 방법입니다. 용출법이나 뒤에서 소개할 용제 추출법의 경우 고온의 열처리 과정에서 유지가 변질될 우려가 있는 반면, 압착법은 비교적 안전하게 유지를 생산할 수 있습니다. 하지만 이 방법은 소규모 생산에만 적합하다는 한계가 있습니다. 시중에 판매되는 최상급 올리브유인 엑스트라 버진Extra virgin 올리브유는 압착법으로 생산한 것으로, 저온의 환경에서 오로지 압력만으로 추출하기 때문에 유지의 변성이 적고 품질이 매우 우수합니다. 이렇게 생산된 유지를 압착유라고 합니다.

용제 추출법은 말 그대로 무언가를 녹이는 물질, 즉 용제를 사용합니다. 대두처럼 유지의 함량이 상대적으로 적은 종자에서 최대한 많은 양의 유지를 추출할 때 활용되는데, 주로 노멀 헥산Normal Hexane, 벤젠Benzene 등의 용제가 쓰입니다. 이 용제를 이용해 종자에서 유지를 녹여 내고 그 용액에서 용제를 제거하면 유지만 남게 됩니다. 노멀 헥산은 약 70℃에서 기화하기 때문에 열을 가하면 쉽게 제거할 수 있습니다.

제품의 품질을 높이는 정제 공정

이렇게 유지가 추출되었다고 해서 끝나는 것이 아닙니다. 추출된 유지에 남아 있는 불순물을 제거해 주지 않으면 유지 본연의 색상과 풍미를 얻을 수 없기 때문입니다. 이처럼 유지의 상품성을 높이기 위한 공정을 정제라 하는데 탈검, 탈산, 탈색, 탈취의 4단계를 거치게 됩니다.

탈검: 이제 막 추출된 유지 안에는 단백질, 탄수화물, 인지질 등으로 구성된 콜로이드Colloid 성질 불순물들이 섞여 있습니다. 이들을 통틀어 검Gum이라 부릅니다. 콜로이드는 매우 작은 단위의 물질이 어떤 다른 물질에 분산되어 있는 상태를 말합니다. 눈에 잘 보이지 않을 정도로 작은 불순물 덩어리들이 추출된 유지 안에 포함되어 있다고 이해하면 되겠습니다. 검이 포함된 유지를 뜨거운 물이나 수증기로 처리하면, 수분을 흡수한 검은 팽창하여 유지 아래로 침전하게 됩니다. 이를 원심 분리기에 넣고 돌리면 수화된 검과 유지가 각기 다른 층을 형성하며 분리됩니다. 이렇게 가라앉은 검을 제거하면 탈검 과정이 완료되는 것이지요.

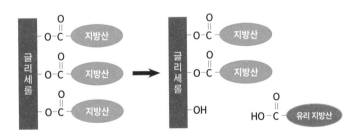

유리 지방산의 분리

유지는 대부분 지방으로 구성되어 있다. 지방에 열을 가하면 지방을 구성하는 글리세롤과 지방산의 결합이 끊어지면서 지방산이 떨어져 나온다. 이를 유리 지방산이라 한다.

탈산: 유지를 추출하는 과정에서 열이 가해지면 유지를 구성하는 성분에서 일부 작은 분자들이 분리되어 떨어져 나옵니다. 유지는 대부분 지방으로 구성되어 있기 때문에 주로 지방산이 분리되는 경우가 많은데, 이를 유리 지방산Free Fatty Acid, FFA이라고 합니다. 이렇게 떨어져 나온 유리 지방산은 유지의 품질을 떨어뜨리기 때문에 반드시 제거해야 합니다. 그럼 어떤 방법으로 제거할 수 있을까요? 이를 위해서는 먼저 유지에 수산화나트륨NaOH과 같은 알칼리 수용액을 첨가하여 비누화Saponification 반응을 일으킵니다. 손을 씻는 데 사용하는 바로 그 비누를 말하는 걸까요? 맞습니다. 지방의 주요 성분인 지방산과 알칼리 수용액이 반응하면 수용성의 지방산염이 생성되는데 이를 비누화라고 합니다. 이러한 원리를 이용해 과거에는 돼지의 지방에 수산화나트륨 용액을 부어 비누를 만들어 사용하기도 했습니다. 이 공정을 거치고 나면 유지 안에 남아 있던 유리 지방산은 물에 녹아 비누층을 형성하게 됩니다. 다시 한

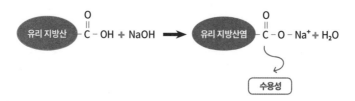

유리 지방산의 비누화
유리 지방산에 수산화나트륨 수용액을 가하면 수용성의 유리 지방산염이 생성된다. 이러한 반응을 비누화라 한다.

번 원심 분리기를 사용하면 지용성인 유지와 수용성인 비누층이 분리되면서 유리 지방산이 제거됩니다.

탈색: 한편 추출된 유지 안에는 각종 색소 성분도 들어 있기 때문에 이를 제거해야 유지 본연의 색상을 얻을 수 있습니다. 이 공정을 탈색이라 하며, 보통 활성탄과 같은 흡착제를 넣고 진공 상태에서 가열하는 방법을 활용합니다. 그밖에도 공기 중의 산소를 이용해 색소를 분해하는 일광법, 과산화수소나 오존을 이용해 색소를 산화시키는 산화법 등이 있으나 한정된 경우에만 사용됩니다.

탈취: 앞서 소개한 일련의 정제 과정을 거쳤더라도 여전히 불쾌한 냄새의 원인 성분들은 남아 있을 수 있습니다. 그래서 마지막으로 탈취 공정이 필요합니다. 불쾌한 냄새를 유발하는 성분들은 대부분 휘발성이 강하기 때문에, 감압 환경에서 가열한 유지와 수증기를 접촉시키면 이 성분들이 수증기에 흡착되어 배출됩니다.

다이어트를 방해하는 지방의 두 얼굴

앞서 설명한 것처럼 유지의 주요 구성 성분은 지방입니다. 그런데 지방은 열량이 매우 높은 영양소입니다. 지방 1g이 제공하는 열량은 약 9kcal이지만 탄수화물과 단백질은 1g당 약

4kcal의 열량을 제공하는 데 그칩니다. 에너지 공급원으로서 지방의 가치는 탄수화물이나 단백질보다 2배 이상 높습니다.

우리가 다이어트에 열중하는 이유도 바로 지방 때문입니다. 필요 이상으로 섭취된 지방은 몸 밖으로 배출되지 않고 몸 안에 차곡차곡 쌓입니다. 탄수화물과 단백질도 많이 섭취되면 지방의 형태로 전환되어 몸 안에 저장됩니다.

이렇게 축적된 지방은 장시간 활동을 하거나 운동을 할 때 사용됩니다. 이 지방을 연소시켜서 평소보다 더 많은 에너지를 만드는 것이지요. 그런데 이 과정에서 종종 불완전 연소 현상이 발생하기도 합니다. 탄소, 수소, 산소로 구성된 지방이 완전하게 연소되면 물이나 이산화탄소와 같은 무해한 부산물이 생성되지만, 불완전하게 연소될 경우 사정이 다릅니다.

지방이 불완전한 형태로 연소하면 케톤체Ketone Body가 생성됩니다. 케톤체는 아세토아세트산Acetoacetic Acid, 하이드록시부티레이트β-hydroxybutyrate, 아세톤Acetone과 같은 여러 부산물의 총칭입니다. 그런데 이름에서 알 수 있듯이 이 물질들은 산성을 띱니다. 산성 물질은 매우 자극적이기 때문에 몸 안에 케톤체 농도가 높아지면 건강에 나쁜 영향을 미칩니다. 지방을 과도하게 섭취하면 문제가 되는 이유가 바로 여기에 있습니다.

유지는 그 자체로 훌륭한 영양소지만, 다른 영양소가 우리 몸에 잘 흡수될 수 있도록 도움을 주기도 합니다. 특히 채소와 함께 섭취할 때 그 효과가 두드러집니다. 지중해식 요리가 우리 몸에 유익한 것도 올리브유를 사용해 채소를 조리하기 때문입니다.

토마토에는 항산화 물질인 라이코펜Lycopene이 다량으로 들어 있습니다. 그런데 이것은 기름에 잘 녹는 지용성 물질입니다. 그러므로 토마토를 그냥 먹는 것보다 기름에 조리한 후 먹으면 라이코펜의 흡수율이 더 높아질 수 있습니다. 한 연구 결과에 따르면 약 30%나 높아진다고 하는데 이는 토마토만이 아닙니다. 당근, 호박 등도 기름과 궁합이 잘 맞습니다. 이들 채소에는 면역력을 높여 주는 베타카로틴β-Carotene이 풍부합니

올리브유
올리브유에는 토코페롤과 각종 항산화 물질이 함유되어 있어 장수 식품, 건강식품으로 인기가 높다. 하지만 올리브유가 건강을 지켜 주는 만능 식품은 아니다. 실제로 올리브유를 가장 많이 소비하는 나라 중 하나인 그리스의 비만율은 유럽에서 손에 꼽힐 정도로 높다.

다. 이 또한 지용성 물질로서 기름과 함께 섭취하면 생체 흡수율이 증가합니다.

우리 건강을 해치는 주범, 산화된 기름

우리나라의 치킨 브랜드들 중에 기름으로 차별화를 꾀하는 브랜드들이 있습니다. 기름 한 통으로 딱 60마리만 튀긴다는 곳이 있는가 하면, 최상급 엑스트라 버진 올리브유만 사용한다는 곳도 있지요. 돈카츠 전문점을 운영하는 제 처가에서도 요리를 만들 때 가장 중요하게 여기는 것이 바로 기름의 상태입니다. 그만큼 기름은 튀김의 맛을 좌우하는 가장 중요한 요소 중 하나인 셈입니다.

너무 오랫동안 반복해서 사용된 기름은 색이 탁하고 끈적끈적하며 불쾌한 냄새까지 납니다. 이것은 기름이 산패Rancidity 되었기 때문입니다. 즉 기름이 공기 중 산소와 만나 산화 반응을 일으킨 것이지요.

앞서 토마토에 항산화 물질이 많다고 알아보았습니다. 이 항산화 물질은 세포의 산화를 억제하는 효과가 있는데, 세포의 산화는 곧 세포의 파괴와 노화를 의미합니다. 그래서 항산화 물질은 건강 보조 식품의 주성분으로 크게 각광을 받고 있습니다.

산화된 음식을 섭취하면 세포의 노화 과정이 촉진될 수 있습니다. 더 나아가 암과 같은 치명적인 질환에 걸릴 확률도 높아집니다. 그런데 기름은 산화가 잘 일어나는 식재료 중 하나입니다. 건강을 위해서라면 되도록 산화된 기름을 섭취하지 말고, 산화된 기름으로 조리한 요리도 먹지 않는 것이 좋습니다.

기름의 산화를 방지하는 방법을 이해하려면 먼저 산화 과정부터 살펴보아야 합니다. 기름의 산화는 2가지 경로에 의해 일어납니다. 첫 번째는 물이 가해진 상태에서 일어나는 분해 반응인 가수 분해Hydrolysis입니다. 가수 분해가 일어나기 위해서는 물뿐 아니라 열에너지도 필요합니다. 즉 가수 분해성 산화는 수분을 함유하고 있는 기름이 가열되면서 일어나는 산화 반응입니다.

튀김을 만들다 보면 기름에서 보글보글 기포들이 생겨나는 것을 볼 수 있습니다. 이는 식재료에서 수분이 배출되는 현상으로, 그 원인은 기름과 물의 교환 반응에 있습니다. 이처럼 튀기는 조리를 하는 동안 기름에는 계속 수분이 공급됩니다. 여기에 고온의 열까지 더해지기 때문에 가수 분해성 산화가 일어나는 것입니다.

지방은 지방산과 글리세롤이 결합되어 만들어졌지요. 그런데 가수 분해성 산화는 이 결합을 공격해 끊어지도록 만듭니다. 결국 지방으로부터 유리 지방산이 분리되어 떨어져 나오게 되지요. 앞서 살펴본 것처럼 유지 추출 공정 중 정제 과정을 거치는 것도 바로 이 유리 지방산을 제거하기 위한 것입니다. 이

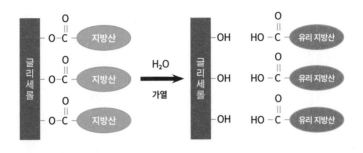

가수 분해성 산화의 메커니즘
유지에 물이 첨가된 후 가열되면 지방을 구성하는 글리세롤과 지방산 사이의 결합이 끊어지면서 글리세롤과 유리 지방산으로 분리된다.

유리 지방산은 산화된 기름의 품질을 측정하는 한 가지 기준이 됩니다.

두 번째는 자동 산화Autoxidation입니다. 열, 빛, 금속 이온 같은 촉매에 의한 산화 반응으로, 산화 이후 후속 반응들이 자동적으로 이어진다고 하여 붙여진 이름입니다. 특히 불포화 지방산에서 자동 산화가 잘 일어납니다. 지방산에는 포화 지방산과 불포화 지방산, 두 종류가 있습니다. 이때 '포화'는 말 그대로 가득 찬 상태Saturated를 의미하지요. 지방산과 같은 화합물이 합성되는 과정은 마치 레고 조립과 비슷합니다. 알맞은 조각들(분자, 원자)을 이리저리 꿰맞추다 보면 어느새 완성품(지방산)이 만들어집니다. 그런데 그중에는 더 이상 다른 조각들을 붙일 여유 공간이 없는 완성품이 있습니다. 이것을 '포화' 지방산이라고 부르는 것이지요. 반대로 불포화 지방산은 여전히 불포화 상태Unsaturated이기 때문에 다른 조각들을 붙일 수 있는 여유가 있습니다. 따라서 불포화 지방산은 포화 지방산에 비해 반응성이 월등히 높습니다.

다시 본론으로 돌아가 불포화 지방산에서 특히 자동 산화가 잘 일어나는 이유는 불포화 지방산의 반응성이 더 좋기 때문입니다. 불포화 지방산이 산소와 반응하면 과산화물Peroxide이 만들어집니다. 그리고 이 과산화물은 '자동적으로' 일련의 반응을 거쳐 알데히드, 케톤, 유리 지방산과 같은 물질로 분해됩니다. 일부 과산화물들이 서로 뭉쳐 큰 덩어리를 만들기도 하는데, 기름이 산화되면 색이 탁해지고 끈적끈적해지는 것도 이 때문입니다.

앞에서 알아본 것처럼 팜유는 포화 지방산의 함량이 높아 산화 안정성이 매우 뛰어납니다. 산화 안정성을 나타내는 지표인 AOMActive Oxygen Method은 고온에서 유지의 산화를 촉진시킨 후 일정량 이상의 과산화물이 생성되는 시간을 측정한 것입니다. 팜유의 AOM 값은 약 60시간이지만 올리브유는 약 18시간, 대두유는 약 11시간에 불과합니다.

참고로 불포화 지방산의 자동 산화를 억제하는 방법이 있습니다. 불포화 지방산에 수소를 첨가해(첨가 반응) 반응성이 낮은 포화 지방산으로 전환하는 방법입니다. 이를 수소화 반응이라 하는데, 식물성 마가린을 만드는 원리가 바로 이것입니다. 덕분에 마가린은 다른 식물성 유지에 비해 산화 반응에 대한 안정성이 높아 보존이 용이합니다.

기름의 산화를 막는 최선의 방법

가수 분해든 자동 산화든 기름이 산화될 때 공통적으로 생성되는 부산물이 하나 있습니다. 그 주인공은 바로 유리 지방산입니다. 유지의 주요 구성 성분인 지방이 분해되면 반드시 유리 지방산이 생성되기 때문에, 유리 지방산의 함량은 기름의 산화 정도를 측정하는 기준이 됩니다. 잘못된 방식으로 보관하거나, 오랫동안 반복 사용된 유지일수록 유리 지방산의 함량이 높아집니다. 유리 지방산이 많은 유지는 산화가 많이 진행되었다는 의미인 것입니다.

유리 지방산의 함량은 유지의 산가Acid Value를 측정하여 계산합니다. 여기서 산가란 1g의 유지 안에 들어 있는 유리 지방산을 중화하는 데 필요한 수산화칼륨의 비율입니다. 예를 들어 유리 지방산 중화에 1mg의 수산화칼륨이 필요하다면 그 유지의 산가는 1이 됩니다. 정상적인 유지의 산가는 1 이하이며, 식약청에서 고시하고 있는 교체 대상 유지 산가는 2.5 이상입니다. 즉 산가 2.5 이상인 기름은 즉시 폐기되어야 하는 것입니다. 하지만 몇몇 비양심적인 튀김 전문점은 오랫동안 기름을 재사용해서 문제가 되고 있습니다. 그래서 한 통의 기름으로 60

189

마리만 튀기거나 엑스트라 버진 올리브유로 튀기는 치킨 브랜드가 차별화되는 것이지요.

시약이 발라져 있는 종이 형태의 산가 측정 제품을 사용하면 보다 쉽게 유지의 산가를 측정할 수 있습니다. 마치 리트머스 종이처럼 유지에 담갔다가 꺼내어 색의 변화를 관찰하면 그 유지의 산가를 확인할 수 있는 것입니다.

과거에는 생산 비용을 절감하기 위해 여러 번 사용한 기름을 필터로 걸러 정제한 후 재사용하는 경우가 많았습니다. 하지만 이런 물리적인 정제 과정으로는 기름의 외형을 깨끗하게 만들지 몰라도 화학적으로 발생한 산화 부산물들은 완전히 제거하지 못합니다. 따라서 기름의 재사용은 바람직하지 않으며, 사용한 기름의 산가를 측정하면서 세심하게 관리해야 합니다.

산화는 온도의 영향을 많이 받습니다. 온도가 높을수록 반응이 더 활발해지는 일반적인 원리가 그대로 적용되기 때문입니다. 따라서 제조, 운송, 보관 등 각 과정에서 유지가 고온에 방치되지 않도록 주의를 기울여야 합니다. 저온 압착법에 의해 추출된 유지가 최상급으로 평가받는 이유도 여기에 있습니다.

온도 관리뿐 아니라 산소와의 접촉도 피해야 합니다. 생산 공정은 물론이고 사용하는 과정에서도 가능한 유지와 공기가 직접 맞닿는 면적을 최소화해야 합니다. 예를 들어 입구가 너무 넓지 않은 튀김기, 별도의 덮개가 있는 밀폐형 구조의 제품을 사용하는 것이 좋습니다.

수분도 산화의 한 요인입니다. 수분이 있는 상태에서 튀겨지면 유지의 가수 분해가 촉진되고 유리 지방산이 떨어져 나오게 됩니다. 따라서 이런 가수 분해성 산화를 억제하기 위해서는 재료의 수분을 적절하게 조절하고, 재료의 수분이 모두 빠져나올 정도로 오랫동안 조리하지 않아야 합니다.

그러므로 아직 사용하지 않은 유지라면 입구가 좁은 밀폐형 유리 용기에 담아 그늘지고 서늘한 곳에 보관하는 것이 좋습니다.

어떤 기름이 튀김에 더 적합한가

대두유, 팜유, 올리브유, 옥수수유, 해바라기씨유, 포도씨유, 현미유, 카놀라유, 돈지, 우지 등 시중에서 구할 수 있는 유지의 종류는 매우 다양합니다. 거의 모든 유지를 튀김 조리에 사용할 수 있지만 그중에서 더 적합한 것을 찾는다면 무엇이 있을까요? 그리고 어떤 기준으로 유지를 선택해야 할까요?

보통 튀김은 170℃의 고온에서 조리됩니다. 그런데 이처럼 고온으로 가열된 유지에서 생성된 불순물들은 튀김의 품질을 떨어뜨리는 한편, 우리 몸에 유해한 영향을 미칠 수도 있습니다. 고온에서 오랫동안 방치된 유지라면 그 결과는 더욱 치명적입니다. 최근 한 연구 결과에 따르면 지방이 분해되어 유리 지방산이 떨어져 나가고 남는 물질인 글리세롤이 고온에 방치되면 아크롤레인Acrolein이라는 물질이 생성되는데 이것은 담배 연기에도 포함된 유해 물질입니다.

그러므로 튀김에 사용할 유지라면 고온에서도 안정적이어야 합니다. 그리고 각 유지의 발연점을 살펴보면 어떤 유지가 고온에도 안정적인지 확인할 수 있습니다. 유지의 온도를 점점 높이다 보면 표면에서 푸르스름한 연기가 솟는 것을 볼 수 있는데, 이때의 온도가 바로 유지의 발연점입니다. 이 푸르스름한 연기는 유지가 고온에서 산화 반응을 거쳐 분해될 때 발생하는 것입니다. 결국 발연점이 높은 유지가 그만큼 고온에서 안정적이라고 할 수 있습니다.

튀김 조리에는 일반적으로 발연점이 200℃ 이상인 유지가 사용되는데 대두유, 옥수수유 등이 특히 발연점이 높습니다. 올리브유는 상대적으로 낮은 편이어서 튀김보다는 볶음 요리에 사용되거나 샐러드 등에 뿌려 먹는 방식으로 활용됩니다.

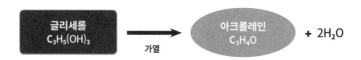

아크롤레인 생성

지방에서 떨어져 나온 잔여 글리세롤이 고온에서 장시간 방치되면 탈수 반응을 일으켜 아크롤레인이라는 물질이 생성된다. 이것은 지방이 탈 때 나는 역한 냄새의 원인이다.

유지들의 종류와 각 발연점

홍화씨유(비정제)	107°C
해바라기씨유(비정제)	107°C
옥수수유(비정제)	160°C
엑스트라 버진 올리브유	160°C
코코넛유	177°C
돈지	182°C
카놀라유	200°C
참기름	210°C
면실유	216°C
해바라기씨유	227°C
팜유	232°C
대두유	232°C
옥수수유	232°C
아보카도유	271°C

출처
: The Baseline of Health Foundation

5장

튀김, 세상에서 가장 맛있는 옷을 입다

튀김이야말로 거의 순수한 표면으로 되어 있는
이상적인 요리다.

롤랑 바르트 Roland Barthes
(1915~1980, 프랑스 비평가)

밀가루가 튀김옷 재료로 안성맞춤인 까닭

전분이 많은 감자와 같은 식재료는 경우에 따라 튀김옷을 입히지 않아도 튀김 요리로 만들 수 있습니다. 하지만 대부분의 식재료에는 잘 어울리는 별도의 튀김옷이 필수입니다. 일반적으로 튀김옷은 밀가루에 물을 섞어 반죽하여 만듭니다. 이러한 반죽 과정에서 글루텐이 생성되는데, 이것은 밀가루에 포함되어 있는 불용성 단백질로서 특정한 한 종류의 것이 아니라 여러 단백질이 혼합된 형태입니다. 주요 구성 성분으로는 글리아딘과 글루테닌이 있습니다.

글루텐은 어떤 재료에나 잘 달라붙는 점착성과 공기를 머금을 수 있는 포집성이 있으며, 탄력적인 얇은 막 구조라는 특징이 있습니다. 이런 물성들 덕분에 밀가루로 반죽된 튀김옷은 '겉바속촉'의 조화를 완성할 수 있는 것입니다.

밀가루는 다른 곡물 가루에 비해 글루텐 생성량이 많은데다가 고온에서는 더 활발하게 생성됩니다. 그러므로 반죽할 때에는 찬물을 사용하는 것이 좋습니다. 보통 밀가루와 물의 비율은 무게 기준으로 1 대 1로 혼합하지만 이 비율은 밀가루의 종류나 튀기는 방식에 따라 달라질 수 있습니다.

밀가루는 반죽 형태가 아니라 가루 상태 그대로 재료에 입힐 수도 있습니다. 이 경우에도 식재료 표면의 수분과 밀가루가 반응하여 약간의 글루텐이 생성됩니다. 그리고 밀가루의 전

반죽을 휘젓다
튀김옷을 의미하는 영어 단어 배터Batter는 휘젓다Beat란 의미의 프랑스어 바트르Battre에서 기원했다. 튀김옷을 준비하는 데에는 이처럼 휘젓는 과정이 필요하다.

분이 호화 반응을 일으켜 보호막을 형성하지요. 이런 맥락에서 반죽 상태의 튀김옷이나 가루 상태의 튀김옷 모두 바삭해지거나 고온의 기름으로부터 재료를 보호하는 원리는 유사하다고 할 수 있습니다.

물론 가루 상태의 튀김옷은 반죽하는 과정을 거치지 않으므로 매우 적은 양의 글루텐이 생성될 뿐입니다. 따라서 튀김옷으로서 기능하기에는 한계가 있을 수밖에 없습니다. 그래서 글루텐 생성 능력이 강화된 튀김용 특수 밀가루가 판매되기도 합니다. 이 특수 밀가루는 돈카츠를 만들 때처럼 식재료에 직접 뿌리거나 묻혀야 할 경우 주로 사용됩니다.

밀은 세계 3대 식량 작물 중 하나입니다. 국제연합식량농업기구FAO의 발표에 따르면, 전 세계 곡물 생산량 중 밀이 차지하는 비중은 약 30%로 옥수수(약 40%) 다음으로 높습니다. 3대 식량 작물 중 나머지 한 자리를 차지하는 쌀의 비중은 약 20%입니다. 밀의 원산지는 코카서스(캅카스) 남부의 아르메니아 지방으로 추정되고 있습니다. 약 1만 년 전 인류가 농경 생활을 시작하면서부터 재배되기 시작한, 아주 유서 깊은 곡물입니다.

밀이 중국에 전해진 것은 기원전 약 2000년경으로 추정되며, 우리나라는 평안남도 대동군 미림지에 위치한 유적지에서 밀의 흔적이 처음 발견되었습니다. 그 유적은 기원전 1세기경의 것이었지만 실제로 우리나라에 밀이 전래된 것은 그보다 훨씬 이전이었을 것으로 여겨지고 있습니다.

수확된 밀 알갱이는 분쇄하여 겉껍질 등을 제거한 후 곱게 가루 형태로 만들어(제분 공정) 쓰입니다. 밀은 가루 형태일 때 소화 흡수 효율이 좋아질 뿐 아니라 점착성과 탄력성이라는 물성 또한 증가하기 때문입니다. 덕분에 밀가루는 뛰어난 2차 가공성을 바탕으로 다양한 식품에 활용될 수 있었습니다.

고대 제분기
과거에는 사람이나 가축의 힘을 이용해 제분을 했지만 근대 이후에는 수력이나 풍력을 활용하는 방앗간이 등장했다. 그림 속 제분기의 아랫부분 안에는 2개의 맷돌이 설치되어 있다.

튀김옷에 적합한 밀가루는 따로 있다

밀가루의 보존성을 결정하는 주요 요인은 수분입니다. 습할수록 세균과 미생물이 자라기 좋은 환경이 되기 때문입니다. 즉 수분 함량이 높을수록 변질·부패될 가능성이 높고 수분 함량이 낮을수록 보존성은 좋아집니다. 대부분의 밀가루는 수분 함량이 10~14% 수준으로 낮은 편입니다.

또한 밀가루의 수분 활성도Water Activity는 0.6 수준입니다. 수분 활성도는 어떤 일정한 온도에서 식재료의 수증기압과 순수한 물의 수증기압 간 비율을 말합니다. 순수한 물의 수분 활성도는 1이며, 다른 식재료는 0과 1 사이의 값을 가집니다. 일반적으로 세균이 활동하기 위해서는 수분 활성도가 0.9 이상, 곰팡이가 생기기 위해서는 0.8 이상이어야 합니다. 그러므로 밀가루는 통풍이 잘되는 서늘한 곳에서 보관한다면 장기간 안전하게 보관할 수 있습니다.

회분이란 탄수화물이나 단백질과 같은 유기물 이외의 무기질 불순물을 말합니다. 그래서 회분 함량을 측정하기 위해서는 유기물을 모두 제거하고 무기질 불순물만 남겨야 합니다. 이를 위해 600℃의 화로에서 4시간 동안 유기물을 모두 태운 뒤 남은 재의 무게를 측정하는데 이것이 곧 회분 함량이 됩니다. 회분은 제분 과정에서 겉껍질이 제대로 제거되지 못한 경우에 주로 발생합니다. 결국 회분 함량이 적을수록 밀가루의 품

201

밀가루 종류에 따른 단백질 함량과 용도

강력분	………	13% 이상	………	제빵(식빵, 빵가루 등)
중력분	………	9~13%	………	제면(수제비, 우동 등)
박력분	………	9% 이하	………	튀김 및 제과(과자, 케이크 등)

질은 좋다고 할 수 있지요.

기름의 종류가 다양하듯이 밀가루의 종류도 다양합니다. 특히 단백질 함량 수준에 따라 강력분Strong Flour, 중력분Medium Strength Flour, 박력분Weak Flour으로 구분할 수 있는데 각각 특징이 다르기 때문에 용도도 다릅니다. 먼저 강력분은 단백질 함량이 13% 이상인 밀가루로 빵을 만드는 데 주로 쓰입니다. 중력분은 단백질 함량이 9~13%로 면의 원료가 됩니다. 마지막으로 박력분은 단백질 함량 9% 미만으로 튀김옷의 주인공이기도 합니다.

강력분, 중력분, 박력분은 각각의 이름에서도 느껴지듯이 밀가루가 가진 '힘'에 따라 분류됩니다. 밀가루를 반죽하여 얇은 도우를 만들고 그 안에 기포를 불어 넣어 기포가 터질 때까지 버티는 정도를 측정하면 그 밀가루가 가진 힘을 알 수 있는 것이지요. 이 방법은 1921년 프랑스의 사업가 마르셀 쇼팽 Marcel Chopin에 의해 처음 개발되었는데, 그는 밀가루가 가진 힘을 W지수(도우 탄성 지수)로 수치화하였습니다. 강력분은 이름처럼 '강력'한 힘을, 중력분은 '중간' 수준의 힘을, 박력분은 '얇은(약한) 힘'을 가졌다고 예상할 수 있겠죠? 실제로 강력분은 250~300W, 중력분은 150~250W, 박력분은 90~150W 값을 가지고 있습니다. 이처럼 밀가루의 종류에 따라 힘의 차이가 생기는 이유는 무엇일까요?

밀가루가 가진 힘의 원천은 바로 단백질과 글루텐입니다. 단백질 함량이 높은 밀가루일수록 반죽 과정에서 생성되는 글루텐의 양도 많아지고 탄력성도 커지게 됩니다. 결국 단백질 함량이 높은 밀가루일수록 더 강한 힘을 가졌다고 할 수 있는 것입니다. 결국 글루텐 생성량이 많은 밀가루, 즉 단백질 함량이 높은 밀가루는 바삭한 식감을 만들어야 하는 튀김 요리에 적합하지 않습니다. 그래서 튀김옷을 만들 때에 박력분이 주로 사용되는 것입니다.

이처럼 용도에 따라, 즉 단백질 함량에 따라 밀가루를 특화하여 생산하려면 원료가 되는 밀의 선택이 중요합니다. 일반적으로 밀은 경질밀Hard Wheat과 연질밀Soft Wheat, 2가지 종류로 구분되는데, 경질밀은 단백질 함량이 많아 조직이 매우 치밀하고 단단합니다. 반면 연질밀은 단백질 함량이 적어 손으로도 쉽게 으스러질 정도로 조직이 성글고 연한 특성을 가지고 있습니다. 그러면 강력분의 주원료가 경질밀이라는 사실을 쉽게 알 수 있겠죠? 마찬가지로 박력분은 연질밀을 분쇄해 만듭니다.

중력분은 경질밀과 연질밀을 적당한 비율로 혼합한 것이지요.

밀가루의 성분은 대부분 탄수화물입니다. 밀의 광합성 작용에 의해 생성되는 탄수화물은 주로 고분자 형태의 전분으로 구성되어 있지요. 이 전분은 앞서 설명한 것처럼 수분과 열이 더해지면 호화 반응을 일으킵니다. 재료의 수분이 빠져나가는 것을 막아 주는 보호막은 바로 이 반응으로 인해 형성되는 것이지요. 밀가루에는 탄수화물, 단백질, 회분 외에 소량의 지질, 아밀라아제, 각종 색소 성분, 비타민 등이 포함되어 있습니다.

밀가루가 그냥 옷이면, 배터믹스는 날개옷

기술의 발전 덕분에 이제 가정에서 조리하지 못할 요리는 거의 없는 것 같습니다. 과거에는 전문점에서나 즐길 수 있었던 요리들이 이제는 간편식 형태로 제조되어 언제, 어디서나 쉽게 구입하고 쉽게 조리할 수 있기 때문입니다. 튀김 또한 마찬가지입니다. 돈카츠, 새우튀김, 탕수육 등 포장만 뜯어서 기름에 튀기기만 하면 훌륭한 요리가 완성됩니다.

그러나 자신만의 튀김을 직접 만들려고 한다면 조금 더 부지런해야 합니다. 직접 식재료를 고르고, 정성스럽게 튀김옷 반죽을 만들고, 충분한 온도에 다다를 때까지 기름을 끓인 후 정확한 시간 동안 튀겨 내야 하지요. 이 과정은 결코 쉬운 일이 아닙니다. 그리고 각 단계마다 저마다의 노하우와 기술이 필요합니다.

그런 의미에서 제 나름의 튀김 노하우를 마련하기 위해 이런저런 시도를 했었습니다. 그중 하나가 바로 '세상에 둘도 없는 나만의 튀김가루 만들기'였습니다. 우선 식빵을 사다가 마른 오징어를 찢듯 죽죽 찢었습니다. 그러고 나서 그것들을 바싹 말린 후 성글게 빻았습니다. 그렇게 얻은 빵가루를 밀가루와 혼합해 보았습니다. 하지만 빵을 말리는 정도나 혼합 비율에 따라 결과는 천차만별이었습니다. 튀겨지다 못해 타 버린 녀석이 있는가 하면, 제대로 익지 않고 재료에 붙어 있지 못한 채 우수수 떨어져 나가기만 하는 것도 있었습니다. 여러 번 시행착오를 겪었지만 결국 나만의 튀김가루는 완성하지 못했습니다.

하지만 저보다 더 체계적으로 개발한 끝에 탄생한 '마법의 튀김가루'가 있습니다. 바로 배터믹스batter mix 제품입니다. 배터믹스는 여러 기능성 재료를 섞어 만든 것으로, 튀김 전문점에서나 맛볼 수 있는 튀김옷을 가정에서도 쉽게 만들 수 있도록 도와줍니다.

배터믹스의 주원료는 당연히 밀가루입니다. 여기에 글루텐 함량을 조절하기 위한 전분, 옥수수 알갱이를 건조시킨 후 큰 입자 형태로 분쇄한 콘 그리츠Corn Grits, 부풀어 오르는 성질을 가지고 있어 다공질 구조를 만드는 데 도움이 되는 베이킹파우더, 탄산수소나트륨과 같은 팽창제, 각종 향신료와 허브를 섞

어 다양한 풍미를 만들어 내는 조미료인 시즈닝Seasoning, 먹음직
스러운 색상을 만들어 주는 식용 색소 등이 더해졌습니다.

국내외 유명 튀김 브랜드나 전문점에서는 오래전부터 자신
만의 배터믹스를 개발해 비밀리에 사용하고 있습니다. 일종의
'비법 양념'인 셈이죠. 이를 통해 독특한 풍미를 만들거나, 바삭
한 식감이 오래가도록 하거나, 입맛을 돋우는 독특한 색상을
입힐 수 있습니다. 자기 제품만의 매력, 경쟁 제품과의 차별화

배터믹스
해외에서 판매 중인 배터믹스 제품. 우리나라의 수많은 치킨 브랜드가 저마다의 개성과 매
력을 가진 배터믹스를 개발하기 위해 노력하고 있다. (출처: 위키피디아)

를 위해 치열하게 경쟁하고 있기 때문에 그 성분이나 제조법은 철저하게 비밀에 부쳐지고 있습니다.

'배터믹스를 만들 때 밀가루 대신 부침가루를 사용하면 뭔가 색달라지지 않을까?' 나만의 튀김가루를 만들기 위해 떠올렸던 아이디어 중 하나입니다. 하지만 이 역시 실패로 돌아가고 말았지요. 저는 실패의 원인을 분석해 보았습니다. 부침가루는 중력분 밀가루에 소금, 후추 등 각종 양념이 첨가되어 만들어집니다. 그런데 중력분 밀가루의 단백질 함량은 튀김에 사용하기에는 다소 높은 편입니다. 그래서 너무 차진 반죽이 만들어지지요. 결국 바삭한 식감을 얻을 수 없는 것입니다. 부침가루는 그야말로 부침 요리에 사용할 때 안성맞춤이라는 것을 깨달을 수 있었습니다.

반죽에 맥주를 넣으면 튀김옷발이 산다

피맥(피자와 맥주), 소맥(소시지와 맥주), 떡맥(떡볶이와 맥주), 순맥(순대와 맥주) 등 다양한 안주와 함께 맥주를 즐기는 문화가 대세를 이루고 있습니다. 하지만 구관이 명관, 역시 맥주의 영혼의 단짝은 치킨과 튀김이 아닐까 싶습니다. 물론 기름진 튀김과 차가운 맥주는 소화에 지장을 준다는 이유로 궁합이 맞지 않는다는 의견도 있지만, 저 역시 맥주 안주로 튀김을 선호합니다.

어느 날 저녁, 저는 오징어튀김을 준비하던 중이었습니다. 마침 냉장고에는 맥주 한 캔이 저를 기다리고 있었지요. 그런데 제가 잠시 자리를 비운 사이에 아들 녀석이 요리를 도와주겠다고 나섰습니다. 제가 주방으로 돌아왔을 때에는 한 캔 남은 맥주를 튀김옷 반죽에 들이붓고 있었지요. 결국 저는 반쯤 남은 맥주로 아쉬움을 달래야 했지만, 아빠에게 더 바삭한 튀김을 대접하고 싶었던 아들의 마음을 생각하면 흐뭇하기도 했습니다.

독일에는 무려 1300여 개의 맥주 양조장이 있다고 합니다. 그러다 보니 맥주가 곁들여지는 요리도 많고, 맥주를 넣어서 만드는 요리도 많습니다. 대표적인 것이 바로 튀김 요리이지요. 맥

맥주의 활용
튀김 반죽을 만들 때 맥주를 넣으면 바삭함이 더해진다. 이 외에도 맥주는 청소, 옷 관리, 미용, 화초 가꾸기 등에 쓰이기도 한다. 물론 그 원리는 튀김에 사용하는 것과 다르다.

주의 도수는 약 5도입니다. 즉 약 5%의 알코올이 들어 있다는 뜻입니다. 그리고 발효 과정에서 생기거나 인위적으로 주입하는 탄산이 있습니다. 그런데 알코올과 탄산은 물보다 증기압이 훨씬 높아 기화되기가 매우 쉽습니다. 20℃ 환경에서 물의 증기압은 2.4kPa이지만 알코올의 일종인 에탄올은 약 4700kPa, 탄산가스는 약 5700kPa로 압도적으로 높습니다.

따라서 맥주를 섞어 반죽한 튀김옷은 조리 과정에서 기포 배출이 더 쉬워집니다. 기포가 잘 배출되면 수분 배출 또한 더 활발해지고 결과적으로 튀김옷의 표면에 더 많은 다공질 구조가 형성되는 것이지요. 물론 비싼 맥주 대신 사이다, 탄산수, 탄산수소나트륨을 섞어도 비슷한 효과를 얻을 수 있습니다. 하지만 맥주 특유의 색감과 향만이 더해 줄 수 있는 풍미가 있기 때문에 반죽에 맥주가 애용되고 있습니다.

고소한 접착제 달걀과 비법 양념 시즈닝

우리는 돈카츠의 맛의 비밀이 세 겹의 튀김옷에 있다는 것을 알아보았습니다. 잘 손질된 돼지고기에 밀가루를 묻히고 달걀물을 입힌 다음 다시 빵가루를 묻혀서 튀겨 내는 것이지요. 이때 달걀은 멀티 플레이어와 다름없습니다. 튀김의 완성에 있어 3가지 역할을 동시에 수행하기 때문입니다.

　　우선 밀가루와 빵가루 사이에서 접착제 역할을 합니다. 달걀의 흰자에는 알부민Albumin이라는 단백질이 많이 포함되어 있는데, 이 알부민은 수분을 흡수하면 접착성이 강해지는 특성이 있습니다. 덕분에 조리 과정에서 빵가루가 떨어져 나가는 것을 억제할 수 있습니다.

　　달걀의 약 70%는 수분, 즉 물입니다. 기름에 튀겨지는 과정에서 이 수분이 증발하면 다공질 구조가 더 많아집니다. 밀가루와 빵가루처럼 달걀도 튀김옷이 바삭해지는 데 기여하는 것입니다. 여기에 달걀 특유의 고소한 풍미, 노란 색감, 유익한

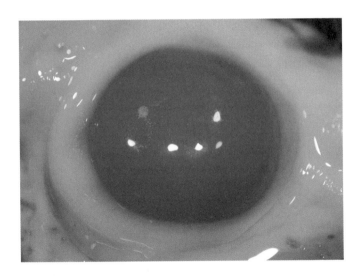

달걀 단백질
단백질은 여러 종류의 아미노산들이 결합되어 구성된다. 달걀 단백질에는 특히 시스테인이라는 아미노산이 많이 포함되어 있는데, 이 시스테인이 가열되면 이황화 결합이 형성되면서 안정화된다. 이를 통해 액체 상태였던 달걀 단백질이 고체 상태로 변한다.

영양소가 더해지니 더 맛있을 수밖에 없습니다.

마지막으로 달걀은 식재료의 수분이 빠져나가는 것을 방지하는 보호막 역할도 수행합니다. 달걀 프라이와 삶은 달걀을 떠올려 봅시다. 달걀에 열이 가해지면 금세 고체 상태로 변하는 것을 알 수 있습니다. 이것은 달걀 속 단백질 성분이 열적 변성을 겪었기 때문입니다.

단백질의 분자 사슬들은 서로 엉켜서 3차원 구조를 이루고 있습니다. 그런데 열이 가해지면 이 결합들이 재배열되면서 변성을 겪게 됩니다. 특히 달걀 단백질에는 시스테인Cysteine이라고 하는 아미노산이 많이 포함되어 있는데, 열이 가해지면 이 시스테인의 황화수소 간 결합이 활성화되면서 응고 현상이 일어납니다. 이것을 이황화 결합Disulfide Bond라고 하는데, 이로 인해 단백질 구조는 안정화될 수 있는 것입니다. 오래된 미라의 머리카락이 거의 완전한 상태로 보존될 수 있는 것도 이황화 결합 덕분입니다. 머리카락을 구성하는 케라틴Keratin 단백질도 이황화 결합으로 이루어져 있기 때문입니다.

KFC의 세계적인 성공 비결은 압력 튀김기와 11가지 비밀 양념입니다. 이 양념은 여러 종류의 식물성 재료와 향신료를 배합해 만들어진다고 알려져 있을 뿐, 그 외의 자세한 내용은 알 수 없습니다. 간혹 비밀 양념의 종류와 배합 비율을 알아냈다고 주장하는 사람도 나타났지만 사실이 아닌 것으로 밝혀졌습니다. 그리하여 그 비밀 레시피는 지금까지도 모종의 장소에 안전하게 보관되어 있으며 접근이 가능한 사람은 전 세계에서 단 2명의 임원뿐이라고 합니다.

이처럼 시즈닝은 향신료, 허브, 기타 재료들을 혼합하여 만든 조미 양념입니다. 일반적인 튀김옷은 물과 밀가루를 섞어 반죽해 만들지만 더 다양한 풍미를 가미하고 싶다면 적당한 시즈닝을 첨가하면 됩니다.

튀김에 주로 사용되는 시즈닝의 기본은 소금과 후추입니다. 그리고 여기에 다양한 향신료를 추가함으로써 저마다 특색 있는 시즈닝을 만들 수 있습니다. 파슬리는 고기의 잡내를 없애 줄 뿐 아니라 푸른 색감으로 튀김에 싱싱하고 향긋한 분위기를 더해 줍니다. 꿀풀과의 여러해살이풀인 오레가노Oregano는 특유의 매운맛을 가미해 주고, 혼합형 향신료인 케이준 스파이스는 매콤하고 알싸한 향이 특징입니다. 이 외에 타임, 마늘, 양파, 옥수숫가루, 정제 소금, 고춧가루, 간장 분말, 글루탐산나트륨 등 다양한 재료가 활용되고 있습니다.

하지만 무조건 많은 재료를 사용한다고 해서 훌륭한 시즈닝이 탄생하는 것은 아닙니다. 각 재료의 특성을 잘 이해하고 이것들을 적절하게 배합하여 최상의 풍미를 만들어 내는 핵심 기술이 중요하기 때문입니다. 저 역시 탁월한 시즈닝, 내 입맛에 딱 맞는 시즈닝을 개발하기 위해 여전히 많은 시도와 실패를 경험하고 있습니다. 하지만 나만의 시즈닝 레시피를 발견하기 위해 이런저런 배합을 해 보는 행위 자체가 튀김을 즐기는 또 하나의 재미이자 이유가 될 수 있지 않을까요? 독자 여러분도 여러분들만의 시즈닝, 내가 진정 원하는 맛을 찾아보세요. 요리를 만들고 먹는 활동이 일상적이 아닌, 색다른 경험으로 바뀔 것입니다.

6장

기름과 온도의 마술사,
튀김기의 구석구석

요리는 예술이다. 그리고 모든 예술은
관련된 기술들과 재료들에 대해 알아야 한다.

네이선 미어볼드Nathan Myhrvold
(1959~ , 전 마이크로소프트 최고기술경영자)

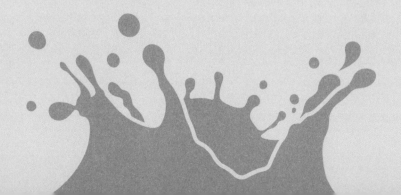

막강한 화력의 원조 튀김기 듀오,
칩 팬과 웍

처가의 돈카츠 전문점 오픈을 준비하면서 가장 흥분되었던 순
간은 바로 황학동 주방 거리를 방문했을 때입니다. 황학동 주
방 거리는 서울시 중구에 위치한 국내 최대 주방 기기 시장으로
업소용, 가정용 가릴 것 없이 '세상의 모든 조리 기구'를 만날
수 있는 곳이지요.

그전까지만 해도 제게 업소용 튀김기는 매우 생소하고 평
생 다룰 일 없는 기구였습니다. 패스트푸드점과 치킨 매장에서
나 구경할 수 있는 그런 것이었습니다. 하지만 황학동 주방 거
리에 즐비하게 늘어선 튀김기들을 향해 다가간 순간, 그것들은

결코 낯선 기구처럼 느껴지지 않았습니다. 오래전 대학원 실험실에서 동고동락했던 실험 장비를 다시 만난 기분이었으니까요. 그리고 본격적으로 튀김기에 대해 알아보고 반복해서 다루면서 깨닫게 되었습니다. '왜 튀김이 과학이고, 요리는 창작인지' 말이죠.

튀김기란 많은 양의 기름을 담고 이를 가열하여 다양한 식재료를 튀기는 데 사용되는 조리 도구입니다. 튀김기라는 명칭 때문에 무언가 전문적인 도구나 첨단 기계, 업소용 튀김기만을 떠올릴 수도 있겠지만 사실 우리 주변에는 튀김기로 사용되는 도구가 매우 많습니다. 실제로 유럽의 많은 가정에서 우리나라의 냄비와 비슷한 도구인 칩 팬Chip Pan을 튀김기로 사용하고 있습니다. 프렌치프라이처럼 감자를 튀긴 요리를 만들 때 주로 사용하기 때문에 이러한 이름이 붙었습니다.

과거 칩 팬은 열에 강한 주철로 만들었지만 최근에는 더 가벼운 소재인 스테인리스나 알루미늄으로 만듭니다. 덕분에 사용이 더욱 편리해져서 유럽에서는 아직까지도 활발하게 쓰이고 있습니다. 다만 칩 팬을 사용할 때에는 오래 가열하는 경우가 많기 때문에 화재의 원인이 되기도 합니다. 실제로 유럽에서 발생하는 주방 화재의 원인 중 대부분이 칩 팬에 의한 것이어서 일반 가정에서는 사용 비중이 점차 줄어들고 있습니다.

서양에 칩 팬이 있다면 동양에는 웍이 있습니다. 특히 중국요리를 만들 때에는 빠지지 않고 등장하기 때문에 중국식 프라이팬이라는 별명을 가지고 있습니다. 하지만 일반 프라이팬에 비해 팬 부분(운두)이 우묵하니 깊은 구조가 특징입니다. 주철로 만들어져서 강한 화력에도 충분히 견딜 수 있으면서도 두께는 3밀리미터 내외로 매우 얇아 식재료를 순간적으로 가열할 수 있습니다. 중국요리 하면 '불 맛'을 떠올리는 경우가 많은데 이는 웍을 사용한 요리의 특징입니다.

웍은 두께가 얇아 열전도율이 높고 온도 변화도 매우 심한 편입니다. 따라서 조리할 때 웍을 위아래로 잘 흔들면 식재료에 전달되는 열을 순간순간 다르게 조절할 수 있습니다. 그러면 완성된 요리에는 온도 변화가 빚어낸 다양한 맛의 층들이 형성됩니다.

칩 팬

칩 팬은 유럽에서 애용되는 튀김기의 원조다. 하지만 이로 인한 화재 사고가 영국에서만 매년 1만 2000건에 달한다고 한다. 그래서 영국의 소방서들은 화재 위험이 높은 오래된 칩 팬을 가져오면 새 제품으로 바꿔 주는 서비스를 시행하기도 했다.

그래서 웍은 소량의 유지를 사용하여 야채나 고기를 볶는 데 주로 사용됩니다. 이러한 조리법을 중국어로 챠오炒, 영어로 는 스터 프라잉이라고 합니다. 하지만 유지를 넉넉하게 준비하 면 튀김 조리에도 얼마든지 사용될 수 있습니다.

튀김꾼들의 로망,
업소용 튀김기 파헤치기

과학기술의 발전과 함께 업소용 주방 기기들도 지속적으로 개 량되어 왔는데, 튀김기도 마찬가지입니다. 첨단 기능이 더해짐 으로써 요리의 맛과 품질을 담보하는 것은 물론이고 고온의 기 름을 다뤄야 하기 때문에 안전 기능도 점차 업그레이드되었습 니다. 지금부터 가장 보편적인 업소용 튀김기를 중심으로 그 구조와 원리를 살펴보겠습니다.

제조사마다 다소 차이는 있지만 튀김기는 일반적으로 용 기부, 가열부, 정제부, 배유부, 환기부 부분으로 구성됩니다. 기 름이 담기는 그릇인 용기부는 주로 스테인리스 재질로 만들어 지는데, 녹이 잘 생기지 않으면서 부식에 강하고 경제적이기 때 문입니다. 용기부 안에는 탈착식 튀김망이 설치되어 있는데, 튀 김 재료를 기름 속에 담갔다 빼기 편리하도록 고안된 것입니 다. 그런데 튀김망의 역할은 이뿐이 아닙니다.

업소용 튀김기

업소용 튀김기에는 온도 조절 장치가 장착되어 있어 기름의 온도를 일정하게 유지하거나
세심하게 조절할 수 있다. 가열은 전기 열선 또는 가스버너를 사용한다.

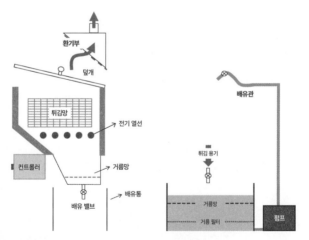

업소용 튀김기 구조

업소용 튀김기는 기름이 담기는 용기부, 기름의 온도를 올리는 가열부, 수증기 및 유증기
를 배출하는 환기부, 다 쓴 기름을 뽑아내는 배유부, 기름을 순환시키면서 고형의 불순물
을 걸러 내는 정제부 등으로 구성된다.

용기부 안에서 가열된 기름은 각 부분들 간의 온도 차이로 인해 대류 현상이 활발하게 일어납니다. 그런데 튀김 재료가 이 대류 현상에 휩쓸려 이리저리 움직이면 재료에 가해지는 열이 일정하지 않아 골고루 익지 않거나 타는 부분이 생길 수 있습니다. 게다가 재료들끼리 서로 부딪치는 바람에 튀김옷이 떨어져 나올 수도 있습니다. 튀김망은 튀김 재료가 용기부 안에서(기름 속에서) 일정한 깊이에 안정적으로 머물 수 있도록 하여 튀김의 품질을 일정하게 유지하고 기름의 오염을 최소화하는 데 도움이 됩니다.

가열부는 용기부에 담긴 기름을 가열하는 곳입니다. 주로

용기부와 튀김망
튀김망은 재료들을 골고루, 안전하게 튀길 수 있도록 도와줄 뿐 아니라 조리가 완료된 후 요리의 기름을 제거하는 데에도 편리하다. 그저 몇 번 탈탈 털어 주기만 하면 되기 때문이다.

가스버너나 전기 열선이 사용되는데, 가스버너인 경우 연소된 가스를 배출하기 위해 배기부가 별도로 설치되기도 합니다. 가열부에는 기름의 온도를 세심하게 조절할 수 있는 컨트롤러가 부착되어 있는데, 기름의 온도를 일정하게 유지시켜 줄 뿐 아니라 기름이 과열될 경우 자동으로 전원을 차단하는 안전 기능도 갖추고 있습니다.

정제부는 튀기는 과정에서 발생하는 고형의 불순물들을 걸러 줌으로써 기름의 품질이 저하되는 것을 방지하는데, 튀김기와 일체형인 제품도 있고 따로 분리되어 있는 제품도 있습니다. 일반적으로 기름 정제는 2단계를 거치는데 먼저 거름망을

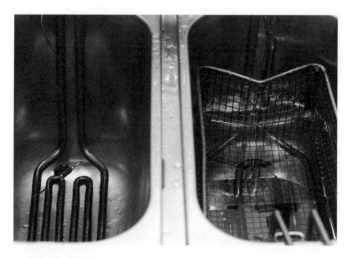

가열부의 전기 열선
가열부 내부에 설치된 굵은 전기 열선이 보인다. 저 열선이 뜨거워지면서 기름의 온도를 높이는 것이다.

223

통해 다소 큰 덩어리의 불순물을 걸러 낸 후 규조토와 부직포로 만들어진 필터로 눈에 보이지 않는 작은 불순물을 제거합니다. 규조토는 다공질 구조를 가지고 있어서 불순물을 흡착시키는 능력이 탁월합니다.

하지만 이렇게 정제되어 육안으로는 깨끗해 보일지라도 기름을 가열하는 과정에서 발생한 유리 지방산과 같은 산화 부산물들은 제대로 제거되지 못합니다. 분자 단위의 아주 미세한 물질들은 물리적 정제 과정으로는 완전히 걸러 낼 수 없기 때문입니다. 따라서 기름의 산가를 수시로 측정하여 적정 수준 이상으로 산화가 진행된 기름은 즉시 교체해 주는 것이 좋습니다.

배유부는 반복 사용되어 품질이 저하된 기름을 배출하기 위한 장치로 튀김기 하단에 설치되어 있습니다. 배유부에는 고형의 기름 찌꺼기를 걸러 내기 위한 거름망이 부착되어 있으며, 이렇게 배출된 기름은 전문 업체가 회수하도록 하여 폐기 처리합니다.

마지막으로 튀김기 윗부분에 설치된 환기부는 튀김 과정에서 발생하는 수증기와 유증기를 배출하는 부분입니다. 수증기가 제대로 제거되지 않으면 조리가 끝난 튀김 요리에 다시 수분이 흡수되어 눅눅해질 수 있고, 가수 분해성 산화에 의해 기름 산화가 촉진될 수 있습니다.

유증기 배출은 특히 중요합니다. 밀폐된 공간에 유증기가 축적되어 최저 폭발 농도에 다다르게 되면 화재나 폭발 사고가 발생할 수도 있기 때문입니다. 게다가 유증기는 주방 바닥을 미끄럽게 만들어 안전사고를 유발할 수 있습니다.

높은 압력으로 육질을 부드럽게, 압력 튀김기

프라이드치킨 전문점을 방문하면 마치 커다란 압력솥처럼 생긴 튀김기를 볼 수 있는데, 이것이 압력 튀김기입니다. 앞서 KFC 의 창업자, 커널 샌더스에 의해 고안되었다는 사실은 이미 알아보았습니다. 압력 튀김기의 작동 원리는 일반 가정에서 사용하는 압력 밥솥과 매우 유사합니다.

프라이드치킨도 다른 튀김처럼 겉은 바삭하지만 속살은 육즙이 가득하고 부드러운 식감을 자랑합니다. 이를 위해서 지금의 수많은 치킨 브랜드들은 선별된 사료만 먹고 운동량은 최소로 제한된 채 사육된 어린 닭을 튀김용으로 사용합니다.

그런데 커널 샌더스가 KFC를 창업했던 20세기 중반만 하더라도 튀김용 닭고기는 근육량이 많고 오래 사육되어 육질이 질긴 것뿐이었습니다. 샌더스는 부드러운 육질의 프라이드치킨을 만들 수 있는 방법을 고민했고 그 결과물이 바로 압력 튀김기였습니다. 여기에는 어떤 과학 원리가 숨어 있기에 질긴 육질을 부드러운 육질로 변신시킬 수 있었을까요?

닭고기, 돼지고기, 생선 등 튀김 재료에는 다량의 수분이 포함되어 있습니다. 평범한 튀김기로 조리하면 재료의 온도는 물의 끓는점인 100℃ 이상으로 올라가기 힘듭니다. 물이 기화하면서 열에너지를 흡수해 완충 효과가 발생하기 때문입니다.

하지만 압력 튀김기는 튀김기 속 압력을 높여 물의 끓는점

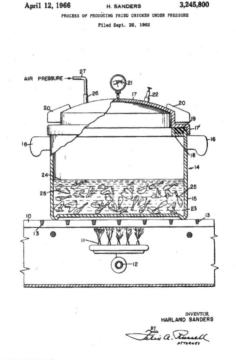

압력 튀김기의 특허 도면
KFC 창립자 커널 샌더스는 1966년 '가압 상태에서의 프라이드치킨 생산 공정' 특허를 취득했다. 당시 그의 나이는 65세였다. 이후 그는 프랜차이즈 사업자를 모집하기 위해 낡은 트럭 한 대에 압력 튀김기를 싣고 미국 전역을 누볐지만 수도 없이 퇴짜를 맞았다.

도 높입니다. 그러면 재료를 100℃ 이상 가열하는 것이 가능해집니다. 물은 1기압 조건일 때 100℃에서 끓지만 2기압에서는 120℃에서 끓습니다. 조리 온도가 높을수록 식재료의 연화 작용은 활발해지고, 결국 더 부드러운 식감을 얻을 수 있게 되는 것입니다.

커널 샌더스가 고안했던 최초의 압력 튀김 방식은 이렇습니다. 먼저 가압하지 않은 상태에서 기름을 200℃까지 가열한 후 튀김옷을 입힌 닭고기를 투입하여 짧은 시간 동안 튀깁니다. 그러면 재료의 겉은 갈색으로 변하면서 바삭해지지만 속은 충분하게 익지 않습니다. 그러고 나서 튀김기의 뚜껑을 닫고 2기압까지 가압하여 기름의 온도를 120℃까지 낮춥니다. 이 상태에서 약 8분간 튀기면 닭의 속살까지 충분히 익을 뿐 아니라 연화 작용으로 인해 부드러워집니다.

압력 튀김기의 장점은 또 있습니다. 가압된 상태에서는 물이 잘 기화되지 않기 때문에 재료의 수분 유출이 줄어 육즙을 온전하게 보존할 수 있습니다. 마찬가지로 기름에 유입되는 수분도 줄기 때문에 기름의 산화를 억제할 수 있습니다.

그런데 압력 튀김기가 상업적으로 성공할 수 있었던 가장 중요한 비결은 따로 있습니다. 일반적인 방법보다 더 높은 온도에서 조리함으로써 조리 시간을 획기적으로 단축시킨 것입니다. 압력 튀김기를 도입하기 전에는 프라이드치킨 주문을 받아 손님의 식탁에 올리기까지 약 30분이 소요되었지만, 도입 이후

에는 그 시간이 절반 이상으로 단축되었습니다. 덕분에 KFC는

패스트푸드 업계에서, 프라이드치킨은 패스트푸드 메뉴에서 최

고가 될 수 있었습니다.

압력 튀김기
압력 밥솥을 닮은 압력 튀김기의 모습. 1기압의 환경에서 프라이드치킨 재료(닭고기)는 약
100°C까지 가열되지만, 2기압으로 가압하면 물의 끓는점이 높아지면서 재료의 온도도
120°C까지 올라간다. (출처: GGM Gastro 홈페이지)

낮은 압력으로 골고루 익히는
진공 튀김기

과거에는 오랫동안 저장해 품질이 나빠진 감자를 감자튀김의
주재료로 사용했습니다. 그러다 보니 고온의 조리 과정에서 타
버리거나 맛이 변하는 등 불량품도 많았습니다. 진공 튀김기
Vacuum Fryer는 깊어지는 불량의 늪에서 감자튀김을 구하기 위해
개발되었습니다.

진공 튀김은 일반적인 튀김보다 상대적으로 저온에서 조리
가 가능하다는 장점을 가지고 있습니다. 기압이 낮아질수록 액
체의 끓는점 또한 낮아지기 때문입니다. 압력 튀김기와는 반대

진공 튀김기
감자칩을 대량으로 생산하기 위해 개발된 공업용 진공 튀김기의 모습. 크게 기름 저장 용
기와 튀김 용기로 구성된다. 튀김 용기에서 공기를 빼내는 진공 펌프와 튀김 용기에 기름
을 공급하는 이송 펌프를 갖추고 있다. (출처: 포테이토프로닷컴)

의 원리를 적용했다고 보시면 됩니다. 보통 감자튀김은 대기압 조건에서 170℃로 조리하지만, 진공 튀김기를 사용하면 140℃의 온도에서도 조리가 가능합니다. 비교적 낮은 온도에서도 기름의 자연 대류가 활발해지는 덕분에 열이 식재료 구석구석 효율적으로 전달되어 골고루 익게 됩니다.

보다 낮은 온도에서 튀기는 만큼 높은 온도 때문에 재료가 타 버리거나 맛이 변하는 불량을 최소화할 수 있습니다. 게다가 감자를 고온에서 조리할 때 생기는 아크릴아미드의 생성을 현저히 줄일 수 있습니다. 아크릴아미드는 앞서 소개한 것처럼 아미노산과 당류가 반응하여 생성되는 것으로 우리 몸에 나쁜 영향을 미친다고 알려져 있지요.

물론 진공 튀김기의 조리 환경은 엄밀한 의미에서 진공이라고 할 수 없습니다. 진공이란 어떤 공간 안에 물질이 전혀 없는 상태를 뜻하지만 현실적으로 이런 상태를 만드는 것은 불가능하니까요. 그래서 과학자들은 일정한 공간에 공기를 제거하여 10^{-3}mmHg로 감압한 상태를 진공으로 인정합니다. 참고로 1기압이 760mmHg임을 감안하면 얼마나 공기가 희박한 상태인지 알 수 있습니다. 진공 튀김기의 감압은 이보다 훨씬 약한 수준으로 0.03기압까지 감압이 가능합니다.

튀김의 패러다임을 바꾼
에어 프라이어

공기 청정기, 건조기, 식기 세척기, 로봇 청소기, 의류 청정기와 같은 새로운 가전제품들이 어느새 우리 일상에 깊숙이 들어왔습니다. 그중에서도 에어 프라이어는 작동과 관리가 간편하고 튀김뿐 아니라 다양한 요리에도 활용이 가능하기 때문에 연간 판매량 30만 대를 돌파할 정도로 주방의 필수 아이템 중 하나가 되었습니다. 온·오프라인에서 수많은 에어 프라이어 레시피가 공유되고 있으며, 다이어트를 방해하는 최대 적으로 간주하는 사람들도 늘고 있지요.

에어 프라이어는 명칭 그대로 기름을 사용하지 않고도 식재료를 마치 튀김처럼 조리할 수 있는 기구입니다. 고온의 기름을 매질로 하여 식재료 구석구석 열을 전달해 익혀 내는 일반적인 튀김 조리와 달리, 에어 프라이어는 고온의 공기를 빠른 속도로 강제 순환시켜 식재료를 익힙니다. 그 작동 원리가 가정용 헤어드라이어와 매우 유사하지요. 에어 프라이어의 핵심은 '고온의 공기를 얼마나 빠르게 대류시킬 수 있는가'입니다. 그런데 공기가 열을 받으면 자연스럽게 대류 현상이 일어나는데, 왜 에어 프라이어는 '강제로' 대류 현상을 일으키는 것일까요?

기름은 비열이 낮은 물질입니다. 다시 말해 빨리 가열되지만 빨리 식기도 한다는 의미이지요. 이 때문에 가열된 기름은 상

231

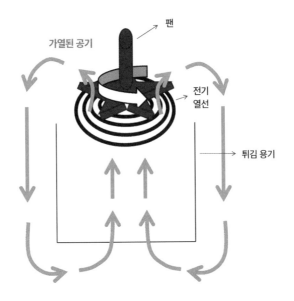

가열된 공기

팬

전기 열선

튀김 용기

에어 프라이어의 작동 원리

에어 프라이어 내부 상단에 달려 있는 팬이 회전하면서 전기 열선에 의해 가열된 공기를 빨아들인다. 그리고 이 뜨거운 공기를 아래쪽으로 강하게 밀어낸다. 이렇게 형성된 강제 대류 덕분에 튀김 용기 곳곳으로 뜨거운 열기가 전달되고, 재료도 골고루 익게 된다.

대적 위치에 따라 온도 차이가 발생하여 뜨거운 기름은 위로 솟고 식은 기름은 아래로 가라앉으면서 대류가 일어나게 됩니다.

그런데 공기의 비열은 기름보다 더 낮습니다. 그러므로 대류 또한 더 잘 일어납니다. 문제는 가열된 공기가 너무 빨리 식어 버린다는 것이지요. 따라서 대류 현상이 활발하더라도 식어 버린 공기가 닿으면 재료가 충분히 익지 못합니다. 공기 튀김기 내부에 설치된 팬은 뜨거운 공기가 채 식기 전에 순환하도록 만듭니다. 강제로 대류 현상을 일으키는 것이지요.

이 팬은 튀김 용기의 맨 위쪽에 설치되어 있습니다. 그래야 솟구치는 성질을 가진 뜨거운 공기를 아래로 밀어낼 수 있으니까요. 여기에 공기역학적 설계가 더해지면 에어 프라이어 내부에서는 더 빠르면서도 효율적인 열기 순환이 일어나게 됩니다.

에어 프라이어는 오븐과 마찬가지로 별도의 기름을 사용하지 않고, 식재료 자체에 함유된 기름만으로 조리하기 때문에 지방과 열량이 보통의 튀김보다 낮습니다. 따라서 보다 건강하게 튀김을 즐기려는 사람들에게 인기가 많습니다. 하지만 에어 프라이어로 조리한 튀김은 보통의 튀김보다 바삭한 식감과 고소한 풍미가 덜하다는 한계가 있습니다. 조금이나마 이 한계를 극복하기 위한 레시피로 식재료의 표면에 약간의 식용유를 바르는 방법이 있습니다. 그러면 식감과 풍미가 좀 더 풍성해진다고 하네요.

에어 프라이어의 보급과 더불어 최적화된 간편식 제품들도 속속 등장하고 있습니다. 이 제품들은 주재료에 기포 발생을 촉진하는 팽창제가 첨가된 튀김옷을 입혀 미리 튀긴 후 급속 냉동한 것입니다. 다공질 구조를 충분하게 형성시켜 놓음으로써 바삭한 식감이 덜해진다는 에어 프라이어의 약점을 보완한 것입니다.

에필로그

우리의 튀김순애보는 계속된다!

'튀김은 왜 맛있으며 우리는 왜 튀김을 사랑하는가?'라는 의문을 해결하기 위한 저의 여정은 이렇게 일단락을 맺었습니다. 이 과정에서 우리는 튀김이라는 요리를 구성하는 재료, 기름, 온도, 밀가루, 튀김옷, 튀김기, 여러 과학 원리와 화학 반응들을 살펴보았습니다. 그리고 그 속에서 다양한 힌트를 얻을 수 있었습니다.

모든 요리가 그렇겠지만 튀김의 매력과 맛의 비밀 또한 한마디로 정의할 수 없습니다. 하지만 확실한 것은 재료에 튀김옷을 입혀서 끓는 기름에 던져 넣는 행위, 그리고 입 밖으로 뜨거운 김을 내뿜으면서 튀김의 바삭함과 촉촉함을 동시에 맛보는 행위에는 태곳적부터 지금까지 이어져 온 인류의 미식 본능이 숨어 있다는 것입니다.

원시 인류는 곤충이라는 별미를 즐겼고, 유럽의 성직자들은 금지된 육식을 대신할 별미를 찾았지요. 아프리카, 아메리카, 아시아 대륙에서는 튀김이라는 요리가 민초의 설움을 달래 주고 살아갈 용기를 선사해 주었습니다. 그리고 오늘날 튀김은 함께 요리했던 추억, 함께 맛보고 즐기며 행복했던 기억의 풍미를 더 다채롭게 만들어 줍니다.

흔히 연인이나 부부 사이가 오래도록 돈독하고 행복하려면 둘 사이에 약간의 비밀과 신비감이 필요하다고 합니다. 함께 지내는 시간이 오래될수록, 서로에 대해 더 많이, 더 자세히 알수록 콩깍지는 벗겨지고 매력은 반감되며 애정은 식는다고 말입니다. 물론 저는 이 말을 신뢰하지 않지만 이번만큼은 여기에 빗대어 독자 여러분에게 묻고 싶습니다. 이 책의 마지막 장을 덮고 튀김이라는 연인에 대해 더 잘 알게 된 지금, 여전히 사랑스러운지 말입니다. 그리고 저는 확신합니다. 분명히 저처럼 튀김을 향한 순애보가 더 깊어졌을 거라고 말입니다.

끝으로 이 책을 쓰는 데 헌신적으로 도와준 아내와 아들에게 감사함을 전합니다.